高等职业学校烹饪工艺与营养专业教材

豫菜技艺
长垣烹饪技艺

Yucai Jiyi

Changyuan Pengren Jiyi

徐书振◎主编

董现莹 赵银红◎副主编

中国轻工业出版社

图书在版编目（CIP）数据

豫菜技艺：长垣烹饪技艺/徐书振主编.—北京：中国轻工业出版社，2021.6

高等职业学校烹饪工艺与营养专业教材

ISBN 978-7-5184-3376-6

Ⅰ.①豫… Ⅱ.①徐… Ⅲ.①豫菜—菜谱—高等职业教育—教材 Ⅳ.①TS972.182.61

中国版本图书馆CIP数据核字（2021）第019283号

责任编辑：方晓艳　贺晓琴
策划编辑：史祖福　　　　　责任终审：张乃柬　　封面设计：锋尚设计
版式设计：砚祥志远　　　　责任校对：吴大朋　　责任监印：张　可

出版发行：中国轻工业出版社（北京东长安街6号，邮编：100740）

印　　刷：三河市万龙印装有限公司

经　　销：各地新华书店

版　　次：2021年6月第1版第1次印刷

开　　本：787×1092　1/16　印张：10

字　　数：236千字

书　　号：ISBN 978-7-5184-3376-6　定价：39.00元

邮购电话：010-65241695

发行电话：010-85119835　传真：85113293

网　　址：http://www.chlip.com.cn

Email：club@chlip.com.cn

如发现图书残缺请与我社邮购联系调换

200989J2X101ZBW

前　言

《豫菜技艺（长垣烹饪技艺）》一书从多方面介绍了豫菜烹饪的知识性、技术性、艺术性、科学性及其他相关内容。河南，古称中原、中州、豫州，简称"豫"，故其菜肴称豫菜。河南是中华民族和中华文明重要的发祥地，历史上处于全国政治、文化、经济、饮食中心地位长达三千多年，有"一部河南史，半部中国史"之说。中国八大古都中河南就有四个，分别为郑州、安阳、洛阳、开封。中国第一次宴会"钧台之享"就在河南禹县城南举行。中国古代第一次大战"鸣条之战"就发生在河南境内的长垣与封丘之间。据说，伊尹为感谢长垣人对此战的支前行动，大战结束后，就将"调鼎说汤至味"的烹调理论传授于长垣人民，这可能是长垣烹饪历史悠久、博大精深的原因之一吧！河南北宋时期开封的餐饮业发展前所未有，市场繁荣，当时大小餐馆数量、经营品种众多。河南数千年的烹饪技艺传承，"集四海之珍奇，悉在庖厨"，构成了豫菜的核心技术，其原料选择、切配加工、烹调、火候的掌握等一系列烹饪技艺突出表现为：

（1）选料严谨（食材讲究鲜活、讲究食用部位、讲究上市季节、讲究食材产地）。

（2）刀工精细（秉承孔子"食不厌精、脍不厌细"、割不正不食的原则，坚持"切必整齐、片必均匀、长短一致、斩而不乱"的行规）。

（3）调味讲究五味调和（巧妙利用酸、辣、苦、甜、咸之五味，根据食材自身特性，采用不同比例的调和方法，运用"味的对比""味道的消杀""味的相乘""味的转换"原理，生成了丰富多彩的近三十种味型，使食材有味者出，无味者入，彰显了豫菜的调味手段）。

（4）配菜巧妙（豫菜配菜配头类型之多，有"大配头、小配头、内配头、外配头、外带配头、常年配头、季节配头"之分，并有看配头炒菜的传统）。

（5）讲究制汤（豫菜厨师善于制汤，善于用汤，并有奶汤、清汤、高级清汤之分，有着"厨师闯天下、味凭一勺汤"的佳话）。

（6）烹调方法多样（豫菜厨师擅长根据原料种类不同、质地不同、形态不同、口味不同、菜品制作特点不同，灵活、正确地运用不同的烹调方法制作出别具风味的美味佳肴）。

（7）干料涨发得心应手（豫菜厨师有着千年传承的干料涨发方法和经验，能恢复原料应有的质感或改变原有的质感）。

（8）菜品搭配注重养生（豫菜在单一菜品搭配和宴席整体搭配上非常注重养生，一般方法是荤配素、素配荤，膳食结构搭配合理）。

《豫菜技艺（长垣烹饪技艺）》首先从豫菜的历史与特性开始阐述，通过讲述豫菜特性的构成，认识豫菜博大精深的知识内涵，在编写内容上，详细介绍了近五十种烹调方法。烹调方法是指导菜品如何做好的基础，是做好菜品的核心技术，由于食材自身的性质不同、形态不同、口味要求不同、菜品制作特点不同，对每一种烹调方法又细分为数种子方法，每一种子方法中均彰显出各自的特点。传统豫菜"八大作"是豫菜厨师在厨房内遵循的工作流程，它是豫菜厨房内每天的工作指南，对规范豫菜制作程序、发展豫菜核心技术、传承豫菜操作规程具有全方位的指导意义。本书还介绍了"河南十大名菜""长垣十大名菜""长垣名小吃"及其制作流程，记载了近三十种味型种类及调制方法，对了解豫菜丰富多彩的味型及每种味型所用的调料很有帮助。本书记载了食物相克及食物相生的种类，在日常饮食生活中，具有一定的参考价值和指导意义。本书还介绍了部分食材的相关知识和性味、功效、用途，对科学食用食材具有一定的指导意义。

通过阅读《豫菜技艺（长垣烹饪技艺）》一书，不仅可以学到烹饪方面的相关知识，了解豫菜所表现的特性，还可以接触到食物相克及食物相生的知识，内容比较丰富。

本书在编写过程中参阅和借鉴了有关文献及网站中发布的相关资料，在此向有关作者表示衷心的感谢。

由于编者水平有限，书中难免会出现不当之处，希望广大读者提出宝贵意见。

编者

目 录

第一章　豫菜的历史与特性　　　　　　　　　　　　　　　　　　1

第二章　豫菜烹调方法概述　　　　　　　　　　　　　　　　　　10

第三章　豫菜味型的种类及调制　　　　　　　　　　　　　　　　20

第四章　豫菜原料常识　　　　　　　　　　　　　　　　　　　　28

第五章　豫菜制作技艺　　　　　　　　　　　　　　　　　　　　41

　　第一节　冷菜制作技艺 / 41
　　第二节　热菜制作技艺 / 65

第六章　河南十大名菜　　　　　　　　　　　　　　　　　　　　115

第七章　长垣名菜　　　　　　　　　　　　　　　　　　　　　　118

第八章　长垣名小吃　　　　　　　　　　　　　　　　　　　　　126

附录一　豫菜基本规范　　　　　　　　　　　　　　　　　　　　134

附录二　传统豫菜馆的岗位设置及规范操作　　　　　　　　　　　138

附录三　河南省烹饪大师、名师等级认定标准（草案）　　　　　　145

附录四　河南省烹饪大师、名师等级认定考核细则（草案）　　　　149

参考文献　　　　　　　　　　　　　　　　　　　　　　　　　　154

第一章　豫菜的历史与特性

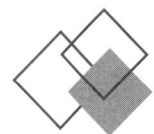

河南地处中原，是中华民族和中华文明重要的发祥地。4 000多年前，河南为中国九州中心之豫州，故简称豫。河南历史上处于全国政治、经济、文化、饮食中心地位长达3 000余年，有"一部河南史，半部中国史"之说。中国八大古都中，河南有四个，分别为郑州（夏、商、管、郑、韩五朝古都）、商都安阳、十三朝古都洛阳（自夏开始，先后有商、西周、东周、东汉、曹魏、西晋、北魏、隋、唐、后梁、后唐、后晋十三个朝代和105位帝王在这里定鼎九州，建都累计长达1650年）、七朝古都开封（战国时期的魏国，五代时期的后梁、后晋、后汉、后周以及北宋和金七个王朝曾先后建国都于开封）。与河南历史相伴而生的烹饪，简称豫菜，成为中华饮食文化的本源，孕育了宫廷菜、官府菜、地方菜、民族菜、寺庵菜的发展。

有证据证明，豫菜发源最早。中国烹饪作为人类文明的一种表现，发端于新石器时代，以陶器的广泛使用为标志。这个时期的陶器遗存，以距今约7000~8000年河南新郑裴李岗文化遗址出土的陶器为代表，展示了生活在这个区域的先人饮食所使用的陶制器皿。此后，以最早发现于河南渑池仰韶村彩陶为代表的仰韶文化，为中国烹饪文化奠定了坚实的基础。河南陕县、洛阳、安阳、南阳等地出土的公元前2600年前后龙山文化时期，由彩陶发展而来的黑陶、灰陶，表明炊器与饮食器的全面出现，拉开了中国烹饪文化发展的序幕。

夏代是中国历史上建立的第一个朝代，建都于阳城（今河南登封东阳城镇）、斟鄩（河南巩义市西南）、安邑（今山西夏县西北）等地，河南是夏朝人活动的中心区域。中国第一次宴会"钧台之享"在河南禹县城南举行，钧台也称夏台，是指为帝王群神修建的台坛，"钧台之享"也是确立王位世袭、夏启"共主"地位的标志，是我国历史上第一个举行"开国大典"和"国宴"的地方。中国古代第一次大战"鸣条之战"就发生在河南境内长垣与封丘之间，这是伊尹辅佐商汤率6万大军灭夏桀的争战。传说，伊尹为感谢长垣人的支前行为，大战结束后就将"调鼎说汤至味"的烹调理论传授于长垣人民，这可能是长垣烹饪历史悠久、博大精深的原因之一吧。

我们再从不同的视角看河南烹饪，先说炮豚与炙、炙与烤的演变过程。《周礼·天官·膳夫》中有周八珍记载，其中介绍了淳熬、淳母、炮豚、糁、捣珍、渍、熬、肝膋，炮豚属于其中一种，按照现在叫法称烤。炮豚的方法到隋唐称为炙，炙的种类很多，有龙须炙、金玲炙、升平炙、光明虾炙、驼峰炙等。其中升平炙是用三百头羊、鹿的舌头来完成，意喻天下太平，百姓安居乐业，皇帝治国有方。可以说，升平炙是中国饮食文化中最奢侈的一道肴馔。驼峰炙名声更大，"紫驼之峰出翠釜"，有杜甫诗为证。紫驼之峰为雄性驼峰，雌性驼峰为白色。驼峰炙就是将炙好的紫驼峰盛在精美的器皿中，这里也说明美食配上美器，更突出美食的道理。杜甫诗文中突出紫驼，是因为紫驼质量优于白驼。再说炙的方法，这里介绍一个有关炙的故事。战国末期的《韩非子·内储说下》有这样的记载：（晋）文公之时，宰臣上炙而发绕之，文公召宰人而谯之。曰："汝欲寡人之哽耶？奚为以发绕炙？"宰人顿首再拜请曰，"臣有死罪三，援砺砥刀，利犹干将也，切肉肉断而发不断，臣之罪一也，援锥贯脔而不见发，臣之罪二也，奉炽炉炭，肉尽赤红，炙熟而发不焦，臣之罪三也。堂下得微有疾臣者乎？"译文：晋文公的时候，炊事官上的烤肉上，有发毛缠绕在上面。文公叫来炊事官训斥，"你想让寡人噎着吗？为什么把毛发缠绕在烤肉上？"炊事官磕头拜了两拜，请罪辩解道，"我有三条致死的罪，一是锋利的刀切肉时没有将毛发切断，二是穿肉时又没见到毛发，三是烤肉时炭火赤红，炙熟而毛发没有烧掉。在座的应该暗藏有忌恨我的人吧？"堂下大家一听，言之有理，免炊事官罪也。我们从这个典故中可以得知炙的烹调技艺的悠久历史与炮豚的演变过程。

下面我们再说炙与烤的发展关系。上面我们得知周代炮豚就是烤，到了隋唐时期炮豚已称炙，炙什么时候称为烤呢？根据烤字出现推算，最早也是康熙年间。20世纪30年代，齐白石为北京"烤肉宛"题匾时，《说文解字》《康熙字典》均无此字，齐白石灵机一动，肉要在火上"考"制，"考"字左旁加上一个"火"字不就是"烤"字吗？于是齐白石挥笔写下了"烤肉宛"三个字，并在匾的下面注写了一行小字"诸书无烤字，应人所请，自我作古"。但1915年的《中华大字典》《辞源》均有烤字，这就说明了烤制方法的叫法时间不长。再者，唐代诗人岑参，南阳人，自幼从兄受书，遍读经史，二十岁至长安献书求仕，赶考落榜，常年活动在京洛与匡城一带，对匡城的饮食非常知晓，三十岁成为进士。在他诗中就有这样的记载："妇姑城南风雨秋，妇姑城中人独愁。愁云遮却望乡处，数日不上西南楼。"（《醉题匡城周少府厅壁》）。此诗为天宝元年八月岑参自长安东行匡城时所作。虽说他是对秋天的描绘、家乡的思念，但也有对匡成饮食的渴望。妇姑城指的就是匡城，这个西南楼就是当时匡城的一座酒楼，这个酒楼做的"红烧黄河鲤鱼"很出名，过去岑参常为席上客。柿红透亮的色泽、软嫩的质感、回味无穷的味道，让岑参十分惦念。匡城即今日的长垣，又叫蒲城。我们再说说"食鱼鲙"，食鱼鲙是唐宋时期对蘸汁生吃鱼片的称谓。《东京梦华录》中说："京城有鱼鲙、水晶脍、桐皮熟脍面等。"同时还说道："宋代汴京则是临水斫鲙，乃一时佳味也。"生吃鱼片是当时的一种流行吃法。宋代以后，中原食法有变，虽醉虾、醉蟹仍有食用，但脍和鲙稀有，肉的生食只余知味者对上好火腿和香肠品鉴，鱼片则用掸、炝和爆炒之法，虽然也是美味，但失去了肉脍和鱼鲙的传统。现在有些厨师认为生吃鱼片是日本料理，这种吃法起源于唐代，时尚于宋代的鱼鲙不能说成是日本料理，不过宋代以后少见。我们再看北宋时期的汴京，餐饮业从规模到店面的数量及菜点的种类与质量均达到了鼎盛期。就店面规模而言，孟元老《东京梦华录》一书这样记载，城中有白矾楼（后改为丰乐楼）、潘家楼、欣乐楼、清风楼、长庆楼、八仙楼、班楼、遇仙正店、中山正店、高阳正店、张八家园宅正店、王家正店、李七家正店、仁和正店、会仙楼正店等大型高级酒楼七十二户。其中著名的丰乐楼，"宣和间，更修三层相高，五楼相向，各有飞桥栏槛，明暗相通，珠帘绣额，灯烛晃耀"；由此可见当时开封餐饮业的繁华状况。河南数千年的烹饪史话："集四海之珍奇，悉在庖厨"。构成了豫菜从选择原料到加工、切配、烹调等一系列过程中的特性，突出表现为下列几个方面。

一、选料严谨

豫菜在原料选择上十分讲究。原料的选择是做菜的基础，原料的质量优劣，决定菜品的质量好坏，因此，各种原料的选择极为重要。主要表现在以下四个方面。

（一）讲究鲜活

鲜活食材是烹制美味佳菜肴的基础，鲜是指鲜肉、鲜蛋、鲜菜；用新鲜食材和过时食材烹制出来的菜品就大不一样，就鲜青菜而言，鲜的青菜经炒制后色泽碧绿、口感脆嫩、味道清香，如果采用过时的青菜炒制，厨艺再高也不会烹制出上述特色。鲜肉、鲜蛋更是如此。活指活虾、活鱼、活蟹；吃醉虾、醉蟹讲究"活"字最为突出，食材只有鲜活，才能烹制出色、香、味、形、质、养的美味佳肴。

（二）讲究食用部位

豫菜对食材的使用，讲究食用部位，特别是各种动物性原料，各个部位都有它的构成特性，每个部位均有它最佳的食用方法和调味方法，如果食材选择部位不得当，再好的厨艺也难以烹制出菜品所表现出的特色。例如：猪的后腿肉，肥少瘦多，如果作为炒肉片的食材选择，烹制出的菜肴必然是一道佳肴；如果我们将其作为蒸芥菜肉或清炖狮子头的食材运用，再高超的厨艺也达不到蒸芥菜肉和清炖狮子头应有的质量要求；制作各种菜品，使用部位尤为重要。分档取料讲究科学，这种科学基于多年经验的积淀和不断的传承与发展。

（三）讲究季节

每一种食材，都有它最佳食用季节；如：春吃韭、树头菜；夏吃芹、姜、绿时蔬；秋吃茄、果、南冬瓜；冬吃萝卜、黄芽菘；不时不食是千年传统。又如：鸡吃谷熟，鱼吃十，鲤吃一尺，鲫吃八寸，鞭杆鳝鱼、马蹄鳖，每年吃在三四月，吃蟹讲究七尖八圆。依时令选择食材，依季节选择配料。讲究季节主要目的就是彰显突出食材的鲜嫩美肥之特性，让食客真正品尝到各种食材不同季节应有的质和味及其所涵盖的物性。

（四）讲究产地

我国物产种类丰富，每种食材都有它最佳的产地。就河南而言，吃菠菜选用延津的，吃白鳝选用百泉的，吃鲫鱼选用淇河的，吃黄鳝选用豫南的，吃芹菜选用封丘、开封、商丘的，鹿茸菌、猴头菌选用伏牛山的，拳菜、羊肚菌选用丘陵地带的，甲鱼、虾蟹选用信阳的，牛羊肉选用黄河滩区散养的，小麦面粉选用黄河北岸的，猪肉选用家养的，山药选用怀庆府的，黄河鲤鱼以长垣产的为佳等。选择省外原料也较严谨，如：海参以大连产的为佳，燕窝以马来西亚产的为佳，鲟鱼以黑龙江产的为佳，玉兰片以福建产的为佳，花椒以四川产的为佳，烤鸭以北京填鸭为佳等。重视食材的产地，豫菜作为一种传承已有数千年。

二、刀工精湛

豫菜加工过程始终秉承孔子"食不厌精，脍不厌细"、割不正不食的原则，各种形状均有一定的加工标准和规则。坚持"切必整齐，片必均匀，长短一致，解必过半，斩而不乱"的行规；并有"前切后剁中间片，刀背砸泥把捣蒜"一刀多用的功能。麦穗花刀、荔枝花刀、梳子花刀、蜈蚣花刀等举不胜举，各种花刀经受热，彰显着豫菜厨师出神入化的刀工技艺，为菜品的形态变化和菜品的创新发展奠定了基础，同时较大程度地丰富了菜肴的品种。例如：原料同样是猪腰子，运用不同的刀工技术，可生成数百种腰子菜肴，如：我们将猪腰子经初步处理切成丝，可进行炒腰丝、炸腰托；切仁可进行炒腰仁；片薄片可进行掸烩腰片；切粒可进行炸金钱腰托，解成麦穗花刀可炒麦穗腰、氽腰穗；解成荔枝花刀可炸荔枝腰；解成梳子花刀可拌梳子腰片；解成鱼鳃状花刀可进行炝鱼鳃腰片。各种原料的成形加工基本都是这样，根据食材本身的自然特征，运用不同的刀法，就会产生不同形态的菜肴；既丰富了菜肴的品种，又孕育了不同受热方法和不同调味方法的发展。

三、调味讲究五味调和，质味适中

豫菜在调味上十分讲究，秉承"五味调和，质味适中"的调味原则。巧妙地利用咸、甜、酸、辣、苦之五味调料；根据食材的自身特性，采用不同比例的调和方法，生成二十多种味型，极大程度地丰富了菜肴的口味需求，如：咸鲜味、咸甜味、咸酸味、酸辣味、糖醋味、酱香味、酒香味、荔枝味、葱椒味、五香味、椒盐味、蒜香味、姜汁味、陈皮味、芥末味、麻酱味、红油味等，各种味型的调制，均以突出原料的本味为准则，采用加热前、加热中、加热后不同的调味方法和运用味的对比、味的消杀、味的相乘、味的转换进行调味，使有味者出，无味者入，彰显豫菜的调味手段，突出豫菜的风味特色。各种味道搭配不偏不倚，故有"甘而不浓、酸而不酷、咸而不重、辛而不烈、淡而不薄、肥而不腻"五味调和百味香之说。同时豫菜又能根据民族不同、区域不同、性别不同、老幼年龄不同，其口味所发生的变化要求去进行调味。袁枚说过，"且天下原有五味，不可以咸之一味概之，度客食饱则脾困矣，须用辛辣以振动之，虑客酒多则胃疲矣，须用酸甘以提醒之"。其意也是五味应适时用之。灵活运用"食无定味，适口者珍"的原则，这是厨师必备调味手段之一。

四、配菜巧妙

河南菜在配头使用上非常讲究。配头类型之多，有"大配头、小配头、内配头、外配头，外带配头、长年配头、季节配头"之分。同时还有看配头炒菜之说，并且有"素不压荤，配料不压主料，配料不大于主料"的配料原则。大小配头有大小配头的规格要求和运用方法，看配头炒菜就源于配头形态，大配头多用烧、扒、炖等烹调方法；小配头多用爆、炒、熘等烹调方法。

在配头的使用色泽上，又有顺色配和花色配的配菜方法。什么是顺色配？即主料和配料同属一种色泽，就称顺色配。如：玉兰片烧猪蹄筋、白菜炖鱼丸、宫廷菜上的爆三白（鱼片、鸡片、肥肉片）均属顺色配的方法。花色配即主料和配料不属于一种色泽，如：五彩鸡丝、青椒炒鱼丝、菜心扒广肚等，均属花色配的方法；但在花色配的方法上，又有"双色配、三色配、五彩配"之说。

配菜总体要求：色泽悦目，突出主料，调节营养，增进食欲，广采博取，尊重物性，扬长避短，合理搭配，巧妙组合，保证菜品质量，增加食用价值和艺术欣赏价值，达到纳万物精华以养生的目的。

下面我们略述一下内配头、外配头、外带配头、常年配头、季节配头的运用。内配头即菜品表面看不到的配头，如炸凤腿、三鲜铁锅烤蛋、八宝布袋鸡、香酥八宝葫芦鸭等，其配料完全由主料裹包着，在菜肴表面是看不到配头的，类似这样的菜肴称为内配头。外配头即我们正常配菜所表现的配菜方法，如榨菜炒肉丝、大葱爆羊肉、火腿片扒腐竹、龙井虾仁等，从菜肴的表面上均能看得见的配头称为外配头。外带配头即吃烤鸭时外带的葱段、萝卜条，吃烤方肋、紫酥肉外带的菊花葱、蝴蝶萝卜，吃锅烧菜肴外带的黄瓜丝、生菜叶等，这些配头均不在菜品之中，但上菜时为了增加菜品的风味与特色又不可缺少的配料称为外带配头。常年配头即常年均能使用的玉兰片、黑木耳、水香菇、金华火腿、干黄花菜等，在使用上不受季节的影响，称之常年配头。季节配头即根据季节不同，适时调整菜品的配料，达到菜品最佳完美度，如同样是肉丝，春季可用韭头炒，夏季可用土芹炒，秋季可用青椒炒，冬季可用白菜炒，或用韭黄芹黄炒，称为季节配头。相当一部分菜品的配头不是一成不变的，而是随着季节的变化而变化，确保同一品种常吃常新的食欲感。

五、讲究制汤

豫菜厨师有句口头禅："唱戏的腔、中医的方、厨师的汤"，厨师闯天下，味凭一勺汤，可见豫菜对汤的使用多么重要。豫菜用汤不仅由来已久，而且在制汤使用原料上也比较讲究；煮清汤用老母鸡、火腿、干贝等原料；先经过两洗、两余、两下锅、两去沫的程序之后，再将原料入锅烧开后改用微火煮制数小时。奶汤多用母鸡、猪肘子、骨头、鸭子等原料；先经过两洗、两余、两下锅、两去沫的程序之后，再将原料入锅，用中旺火煮制数小时。若需高级清汤，使汤汁更清更醇，还需采用红哨和白哨进行吊汤，使其汤清如茶水。清汤和奶汤务必达到"清则见底，浓则乳白"，清香挂唇，爽而不腻，如：荷花莲蓬鸡、清汤汆乌鱼蛋、清汤汆什锦、奶汤炖广肚、奶汤炖吊子、奶汤烩银丝、奶汤炖蒲菜等。豫菜自古就流传着汤卖完收摊闭门的佳话，洛阳水席又是豫菜的一种表现，汤汤水水始终不断，可见汤在豫菜中的地位多么重要。

六、烹调方法多样

数千年不断传承不断发展的烹饪技术，孕育了五十多种烹调方法。如：炸、熘、爆、炒、烹、煎、扒、烧、炖、卤、熘、烤、烩、氽、煮、焖、贴、炝、凹、煨、蒸、酱、调、拌、滑、酒醉、拔丝、挂霜、琉璃、琥珀、蜜炙、蜜饯等。在同一种方法里，根据原料的种类不同，质地不同，形态的大小不同，又分为数十种烹饪技艺。如：炒，在长期的实践中，又分：生炒、熟炒、滑炒、煸炒、煿炒等炒法。又如：炸，除有挂糊不挂糊之分外，又分清炸、干炸、焦炸、酥炸、脆皮炸、高丽炸等炸法。再如：扒，又分红扒、白扒、煎扒、蒸扒等。豫菜之扒菜，均以整齐饱满、大方软烂为特色，还有某些胶质含量较高的食材，经过长时间的扒制受热，使其胶质溶在汤里，故有"扒菜不勾芡，汤汁自然黏"传统行规。炝又分油炝、水炝、活炝等多种炝法，其风味品种各别具一格。

多种不同的烹调方法，催生着数以万计各具特色的河南名菜、中国名菜；如：炸紫酥肉、炸八块、干炸鱼带网、软熘黄河鲤鱼带焙面、焦熘里脊、滑熘肉片、爆鳝丝、炸腰花、爆鸭胗、油爆肚头、烹虾段、煎鸡饼、煎鲫鱼、白扒广肚、红扒肘子、煎扒青鱼头尾、蒸扒龙须菜、烧猪蹄筋、烧猴头菌、烧羊肚菌、炖吊子、坛子肉、烩银丝、烩肚丝、生氽丸子、氽什锦、卤煮黄香管、黄焖藕夹、锅贴豆腐、锅煿白菜、蒸芙蓉海参、干蒸肚片、清蒸鱼、酱汁肉片、酱大排、铁锅蛋、熬炒小鸡、拌什锦、梅竹管廷、酸汤肥牛、拔丝山药、霜打馍、琉璃藕、琥珀冬瓜、蜜炙八宝雪梨等。

七、干料涨发得心应手

河南有三千余年的古都历史，皇室内各地名、优、特、珍食材举不胜举，豫菜由于它的历史地位的特殊性，因此，在干货涨发方法上有独到之处。经过上千年涨发经验的积淀，能够根据干货原料的形态大小、质地老嫩、薄厚程度，还有干货自身的特殊气味，运用不同的涨发方法，使其原料恢复原有的质感或改善原有的质感，达到实用的最高要求。

干货食材除具有干、硬、老之外，还有部分食材具有腥、臊、膻的气味。使干、硬、老食材变得柔软可口；将腥、臊、膻气味去除；这是豫菜在涨发原料过程中所掌握的绝技精妙之处。干货食材数千种，形态大小不均、薄厚不匀、质地老嫩不一、形态各异；能够根据食材本身状况，该用冷水发的就用冷水发，如：部分耳菌类及部分体形细小的干黄花菜之类的原料等；该用温水发的就用温水发，如：猴头菌、羊肚菌、竹荪菌之类等；该用热水发的就用热水发，如：各种海参、裙边及部分笋干制品等；该焖发的就焖发，如：玉兰片涨发等；该蒸发的就蒸发，如：干贝、鱼骨、莲子等；该油发的就油发，如：鱼肚、蹄筋、干肉皮等；该用碱生发的就生发，如：做鱿鱼卷用的鱿鱼干等；该熟发的就熟发，如：墨鱼干、八带鱼干等。部分食材还需要火发，如：外皮干硬的白石参、红石参、干熊掌等。干货涨发的过程是复杂的，有些可以采用一种涨发方法完成，如：涨发黑木耳、黄花菜等；有些需要一种方法反复进行，如：发制玉兰片，海参等；有些需要采用多种方法并反复进行，如：涨发鱼肚，先用油发，使其膨大，在用冷水泡软，再用温水洗净油污，最后用开水泡养等。去腥除臊灭膻的方法，始终依照"凡味之本，水最为始。五味三材，九沸九变，时疾时徐，去腥除臊灭膻，必以其胜，无失其理"的古训。通过不同水温和时间的变化，达到符合制作美味的食材。

八、菜品搭配注重养生

由于河南历史上作为全国的政治、经济、文化、饮食中心长达三千余多，因其地位的特殊性，豫菜受宫廷菜、官府菜的影响，不仅食材选择讲究、加工精细，而且在每款菜肴主配料搭配及每桌宴席菜品搭配上，非常注重物性，达到营养均衡。以"锅贴豆腐"为例，主料由鸡脯肉与豆腐组成，配料则用青菜叶肥肉膘鸡蛋清搭配，从食材物性到菜品用料多样化，可谓养生之佳品。又如炒辣子鸡丁，主料是鸡丁，配料除水木耳、水玉兰片、鲜红绿辣椒外，还有葱姜蒜，通过烹调之后，从色泽到质感，从味道到膳食物性搭配上，可以称得上妙配。菜品主配料搭配，均以养生为目的地进行色、香、味、形、质的完美结合，生成一道符合食客人身要求的美味佳肴。每桌宴席菜点的搭配也是如此，以八人席为例，四凉菜：两荤两素，四热菜：两荤两素，两个汤：一咸一甜，三道主食：一干一湿一带馅，整体宴席讲究酸碱平衡，膳食均衡，荤素搭配合理。中国人讲究膳食均衡由来已久，早在《黄帝内经·素问·四气调神大论》中就有这样的记载："圣人春夏养阳，秋冬养阴，以从其根，故于万物沉浮于生长之门，逆其根则伐其本，坏其真矣。"这就是说，人们应顺应一年四季的阴阳变化，在春季、夏季要注意保养心、肝，在秋季、冬季要保养肺、脾、肾。所以，人们在饮食上也应顺应这一养生的根本原则，根据不同的季节在饮食上进行调补。

中国古老的"四季五补"理论认为："春季升补，夏季清补，秋季平补，冬季温补，四季宜通补"。具体地说，春季人们肝火较旺，要食用具有健脾疏肝、有助于肝气生发作用的食物；夏季人体心火亢盛，外界的"暑湿"之邪当令，故此时食用具有清心祛暑、健脾利湿作用的食物；秋季空气干燥，"燥邪"当令，在饮食上要多吃具有滋阴润燥功效的食物；冬季人体的阳气潜藏，外界的气候寒冷，故此时应保养阳气，食用一些温补脾肾、温通心阳作用的食物。除了重视食物的"四季五补"，还要讲究膳食平衡，《黄帝内经》中写道："毒药攻邪，五谷为养，五果为助，五畜为益，五菜为充，气味和而服之，以补精益气"，其基本要旨是饮食多样化，保证营养物质的全面摄入，达到强身健体、长寿之需求。

食分五味：酸、甜、苦、辣、咸；物分五性：寒、凉、平、温、热，根据食物的性味和自身体质所需，培养合理的饮食习惯，也是一种健康长寿的秘诀。人体虚弱，就要食补，多吃一些燕窝、银耳、莲子、山药、鱼类等补品，达到恢复元气的目的。蟹肉较鲜，但因性寒，故胃寒、溃疡、风寒感冒、孕妇、痛经者禁忌；鸽蛋营养丰富，性平味甘，具有补肾益气、解毒之功效，适宜肾虚气虚、疲乏无力、心悸头晕者，但对孕妇是禁忌。各种人群，都要根据自己所需食材而膳食。"空腹食之为食物，患者食之为药物"，药食同源。

作为厨师这一职业，与人的健康长寿究竟有多大关系？请听魏文王与名医扁鹊的对话，魏文王问扁鹊："你家兄弟三人都精于医术，到底哪一位最好呢？"扁鹊答："长兄最好，中兄次之，我最差。"文王又问："那么你为什么最出名呢？"扁鹊答："长兄善医道，更是精通食疗的庖厨，他每次都在病人发病之前，用五谷为养，五味调和的食疗之方，把病治疗于无形之中。由于一般人不知道他事先能铲除病因，所以他的名字无法传出去。中兄既是医生，又是一个气功高手，他是治病于病情初起时，发功治穴，疏通经脉，病毒排出其病自愈，一般人以为他只能治轻微的小病，所以他的名气只及本乡里。而我是治病于病情严重时，一般人都看到我在经脉上穿针放血，在皮肤上敷药等大手术，所以以为我的医术高明，名气因此响遍全国。"文王听后说道："看来天下最能让人养生、健康、长寿的还得靠膳食的调补。"由此看来，人们的膳食搭配对防病、治病十分重要，这就是厨师职业对社会的贡献及其职业的高尚所在。

结束语

豫菜的历史与特性，主要介绍了豫菜的特性，通过对豫菜特性构成的阐述，认识豫菜博大精深的内涵。作为厨师，学会做菜做饭很容易，但学会了解掌握食物的物性，做到四季合理配膳，营养均衡搭配就需要厨师不断地学习新知识，探索舌尖上的奥秘。纪录片《舌尖上的中国》播出后，社会对烹饪技术有了新定义，烹饪是技术，烹饪是艺术，烹饪是文化，烹饪是科学。新的理念要求厨师技术更精湛，专业知识更广泛，膳食结构搭配更合理。作为一名厨师，要不断地学习专业知识，才能适应时代的发展，做一个合格的新型厨师。

第二章 豫菜烹调方法概述

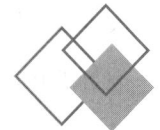

烹调方法是指制作菜肴的基本规律，在同一规律制作情况下，均属同种烹调技法。由于制作菜肴原料的种类不同，质地老嫩不同，形态大小不同，菜肴的口味要求不同，因此生成了多种不同的制作规律，每一种制作规律，就是一种烹调方法，它是烹调技艺制作过程中的核心，数以万计的菜肴品种，均按照自身所属规律要求，完成烹调制作过程。烹调方法制作规律是：把经过初步加工和切配成形的原料，运用不同火力和加热时间以及不同加热方式和调味手段，制成不同风味菜肴的操作过程称之为烹调方法。下面我们分别阐述豫菜常用的烹调方法。

一、炒

炒在烹调中应用很普遍，不管是植物性原料还是动物性原料，大部分原料均适应炒的烹调方法制作，多以旺火快炒速成的方法制作菜肴。形态以加工成丝、片、条、丁、球状最为常见，操作时要先将锅烧热打磨光再下油，滑油一般是热锅冷油投入原料。火力的掌握，油温的高低要根据原料的量或者原料的种类而定。其特点：脆嫩鲜香。根据原料的种类和制作后菜肴特点不同，又分为生炒、熟炒、滑炒、煸炒、熬炒等，如炒芙蓉鸡片、榨菜炒肉丝等。

二、炸

炸是最常见的烹调方法之一，用大油量作为传热介质，旺火加热使原料成熟。其特点：油量大，火力旺，原料大多挂糊，成品干香、酥焦、软嫩等。适应炸制的品种很多，根据质感的要求，有挂糊和不挂糊之分。根据原料的种类不同，挂糊有薄有厚，按炸出成品特点，可分为清炸、干炸、软炸、酥炸、高丽炸、纸包炸等，如炸八块、炸紫酥肉等。

三、烧

烧是将经过炸、煎或水煮的原料加入适量的汤水和调味品，用旺火烧开，中小火烧透，旺火收浓汁的一种烹调方法。成菜特点：汤汁勾芡而黏，口感香酥软烂，烧菜的汤汁一般为原料的四分之一左右（干烧除外）。根据烧菜的种类，具体又分红烧、白烧、煎烧、软烧、干烧等，如大葱烧海参、煎烧豆腐、干烧鱼等。

四、爆

爆是将经过刀工处理的小型脆嫩原料，经过上浆或不上浆，滑油或不滑油，用旺火快炒速成的方法制作菜肴。其特点：加热时间短，兑好预备味汁，成菜口感脆嫩。适应爆的菜品很多，具体又分油爆、水爆、汤爆等，如油爆肚、汤爆肚、水爆肚、爆腰花、酱爆牛蛙、爆鸡丝、爆鱿鱼卷等。

五、熘

熘以糖醋口味为代表，先将原料用炸、蒸等方法加热成熟，然后将预先制好的糖醋汁浇在原料上面，或者直接投入锅中糖醋汁内翻拌均匀，盛于盘中。熘菜的汁一般比较宽。根据熘菜使用的原料、形态、质感的不同，又分为焦熘、软熘、滑熘、醋熘等。一般要求旺火速成，以保证菜肴香脆、焦酥或软嫩的口感，如焦熘肉片、软熘鱼、醋熘土豆丝，滑熘里脊片等。

六、扒

扒将初步加工成形的原料先放热汤或开水里汆烫一下，根据扒菜要求，将初步熟处理的主、配料摆在竹制锅垫上用盘扣住，锅内添鲜汤，下作料，放入排好原料的锅垫扒制，根据原料和成菜要求掌握扒制时间，时间长的达4小时之多；短的几分钟则成，如扒芦笋。扒菜入味质软后，先将扣盘取出，用漏勺托住锅垫翻入盘中，锅中汤汁勾小流水芡，淋入明油，浇在菜上即成。具体又分红扒、白扒、煎扒、蒸扒等，如扒广肚、煎扒青鱼头尾等。

七、煎

煎适应无骨原料，用油量少。先将油布满锅底，将加工入味成形的原料放入锅中，用小火加热煎制，根据成菜要求，一面或两面煎黄后出锅。此原料多为扁平状或加工成泥的丸子，及部分小型鱼及鱼块等，根据原料不同，有挂糊和不挂糊之分，如煎鸡饼、煎藕盒、煎菠菜、煎鲫鱼等。煎菜的特点：外香酥里软嫩，色泽金黄，诱人食欲。

八、烹

烹是将小型原料用旺火热油炸成黄色，再烹入调料的一种方法，故有逢烹必炸之说。烹入的调味汁事先兑好（但汁中不加淀粉），这种方法适应于小型段、块、条、丁等。如对虾段、仔鸡块、鱼条、里脊丁等、也有整只烹制的，如烹鸡蛋角、烹青红椒、烹鸡心、烹鸭胗等。其成菜特点：鲜香脆嫩。

九、蒸

蒸是最常见的一种烹调方法，由于所蒸原料种类繁多，该嫩的要嫩，该软的要软，该浓的要浓，该酥的要酥，该烂的要烂，掌握火力和蒸制时间是关键。根据制品要求不同，故又分清蒸、干蒸、芙蓉蒸、家常蒸的方法，如清蒸鱼、干蒸肚片、芙蓉海参、大酥肉等。其成菜特点：原汁原味，保持形态不变。

十、炖

炖是将经过初步加工成形的原料，在汤水中受热成熟的一种方法。成品要求烂、软、嫩、浓醇香。根据炖制原料的不同，又分为三种炖制方法，即生料炖、熟料炖、隔水炖。如炖吊子、炖羊肉、炖拆骨肉、汽锅团鱼等。

十一、炝

炝是河南独树一帜的烹调方法，多指菜肴受热呈味过程，以突出葱椒风味为特色，故又称葱椒炝。其方法分三种：油炝、水炝、活炝。油炝，如葱椒炝鱼片；水炝又称掸炝，如炝腰片；活炝，如炝活虾等。

十二、焖

焖是将原料经过初步加工后，通过煎、炸的烹调方法成熟后，再加适量的汤汁以及调料，盖上锅盖旺火烧开，改用小火慢慢焖制，直到入味成熟，如黄焖鸡、黄焖鱼等。或将成熟的原料装入盛器内加汤、调料上笼蒸制，直至酥烂，如黄焖茄盒、黄焖藕夹等。

十三、氽

氽是指清汤制作的方法，将头汤用红哨或白哨清过，成为高级清汤。把初步加工成熟的原料放入碗内，将调好味的清汤盛入碗中即成，如清汤氽鱿鱼片、清汤氽虾仁、清汤氽芙蓉、清汤氽莼菜、开水白菜等。其成菜特点：汤鲜味醇。

十四、烩

烩是指将数种小型原料相掺一起，用汤和调味料制成的汤汁菜。一般用熟原料，形状有丝、丁、条、块等。将加工成形的原料下汤内，加调料烩制至汤开。烩分两种，有勾芡不勾芡之分，不勾芡粉的称清汤烩，多为菜品，如肘子加烩、酥肉加烩等；勾芡粉的称混汤烩，多为汤菜，如酸辣烩肚丝、酸辣稠满汤等。

十五、煸

煸是将原料内部的水分煸干再炒，其煸制方法是很需要技术的一种烹调熟制法，一看原料本身的质地老嫩、形态大小，二看菜品的特点要求，再计算如何运用火候，火力过猛，原料内部水分来不及蒸发，导致外焦里不透；火力过弱又会导致原料水分不能尽快蒸发，易韧而不酥。煸制菜品特点：色泽浓，口味重，干香耐咀嚼，回味悠长，如煸鸡块、煸蚕蛹等。

十六、煮

煮的烹调方法选用的原料有生料熟料之分，不论丝、条、丁、块，煮时一般是锅里添高汤，将原料放入锅内，然后用中小火煮熟为止，煮熟后的成品，汤约占40%，原料约占60%，煮时只加白汤不加油。成菜特点浓香，如汤煮干丝、白萝卜丝煮鱼等。

十七、煨

煨一般用熟原料，加工好后，锅里添高汤，将主料、作料一起下锅，用中小火煨制，至汁浓能围住菜为止。少数品种也有用生料煨制的，如鱼、鸡之类的原料，但未煨制之前，均要将加工成形的原料用荤油煎一下，然后放在锅里煨制，如番茄煨鱼、糟汁煨鸡块等。

十八、㸆

㸆和煨的方法基本相似，其不同之处在于㸆的汁比煨的汁少些。㸆制菜肴，汁的多少以能包住菜为宜，以不留汁或少留汁为佳。其加工程序是，原料先经过初步熟处理，再进行小火㸆制，直至酥烂基本无汁，如坛子肉、油㸆虾、㸆麸等。

十九、凹

凹一般适用于蛋类制品，其具体操作是锅里添高汤，用旺火烧到五成热时将锅端下，把蛋敲开去壳，兑上调料，敲打融合后，倒入汤中用勺轻轻推动，小火加热至汤开即成。食时，用勺盛到碗里浇上汤。其特点是鲜嫩利口，软如豆腐脑，如凹鸡蛋。另外少下汤，多加鸡蛋，做出的菜品像蛋糕一样，这样做称"长蛋"。

二十、滑

滑适用于小型原料，所滑原料加工成丝、片后放凉水内淘去血污，用布揾干，放入碗内，加入蛋清、淀粉、少许盐面拌匀，入三四成热的油锅内或开水内滑熟，然后根据要求加配料进行滑炒、滑熘或滑拌，滑炒多为咸鲜味，滑熘多为咸酸味，滑拌多为凉菜。

二十一、调

调用生原料，经洗涤，刀工处理成形后，装入盛器内，根据自己的口味要求，浇上不同味型的调料汁及香油芝麻酱等香味调料。其成菜特点：爽脆可口，如荆芥调黄瓜、姜汁芹菜、调三丝等。

二十二、拌

拌用熟原料，所拌原料先经洗涤，刀工处理成形后放入开水中受热至熟，用凉开水淘凉，控干水分，放入盆内调味，根据食者口味要求，浇上不同味型的调料及香油拌匀，整齐地装入盘内。其成菜特点：口味多变，清爽可口，如荆芥拌粉皮、红油拌肚丝、香椿拌豆腐等。

二十三、酱炙

酱炙一般多用整只或大块荤原料（也有丝、片、丁、条状的）。经过初步加工后进行熟处理（蒸、炸或拉油）。锅内放入少量的油烧热，将葱花、姜末、面酱同时下锅炒香，加入适量的鲜汤、盐、味精、料酒、白糖炒成浓汁。再把经过熟处理的原料放入锅内翻拌均匀，盛在盘内（整只的鸡鸭也可以将酱汁浇在菜品上面）。成菜特点：色泽酱红、面酱风味、鲜香可口，如酱炙鸭、酱炙鱼、酱炙肉片、酱炙鸡丁等。

二十四、糟

糟分南糟、本糟两种，一般使用南糟。南糟又分红糟、香糟两种。用糟方法：将糟用料酒或凉开水澥开过罗，去糟取汁备用。

用糟的烹调方法有三种：①糟煨：将糟汁和原料一起下锅煨制，或将原料先经初步熟处理，然后再用糟汁煨制入味，二者均称为糟煨。②糟炒：主料先经过初步加工熟处理后，锅内下入配料、糟汁、调料炒制，投入主料翻拌均匀，盛在盘内即成。③糟制：多用于冬季，先将原料经初步加工后腌制约三小时，将糟澥成糊状，下入所糟原料拌匀，应用时将糟洗净，用布揿干，下入油锅中炸黄捞出滗油，锅内下入葱姜配料煸炒后，投入鲜汤及糟腌原料，小火收汁，勾入流水芡，淋入明油出锅，上撒韭黄即成。成菜特点：糟香浓郁、鲜嫩爽口，如糟煨鸡块、糟炒鱼片、煎糟鱼等。

二十五、卤

卤是先将生原料进行初步加工处理，锅内添入清水，根据卤制不同风味要求，下入花椒、小茴香、大茴香、桂皮、草果、豆蔻、砂仁、良姜、丁香、香叶、白芷等不同大料（大料用布包住）、盐、酱油（白卤不加酱油）、葱、姜、料酒，大火将卤汤烧开，下入所卤原料，用中火或小火卤制，直至入味酥烂。成菜特点：风味别致，爽口鲜香，如道口烧鸡、南京板鸭、开封桶子鸡、佘家猪杂、老庙牛肉等。

二十六、熏

熏是将所熏原料先进行初步加工和初步熟制后，放入熏锅内进行熏制，中间将原料翻动一次，直至熏成色泽柿红，取出，外刷香油晾制。所熏食品可热食可凉食。成菜特点：色泽柿红、熏味扑鼻，如熏鸡、熏蛋、熏鱼、熏鸭等。

这种方法需要熏锅、熏箅、锅盖，内放果木锯末，掺入少量的茶叶和白糖拌匀。箅上放所熏原料，盖严锅盖，将熏锅放在大火上烧至冒大青烟端下离火，继续熏制，直至所熏原料色泽柿红为止。

二十七、烤

烤是一种最古老的熟制方法，因其受热方式和使用的设施不同，又分明烤和暗烤两种。明烤又称叉烤，即把加工处理好的原料穿在烤叉上，放在明炭火上烤制，边烤边将叉翻动，直至所烤原料色泽柿红，外酥里嫩为止，如烤方肋、烤乳猪、烤鸭等。

暗烤又称焖炉烤，即将加工处理好的原料用勾挂起来放在已烧热的暗炉里进行烤制，烤制期间将所烤原料通过不断调整位置的方法，使其受热均匀，成熟一致，直至达到色泽枣红、外酥焦、里软嫩为止，如焖炉烤鸭、焖炉烤鸡、烤叉烧肉等。

二十八、锅贴

锅贴即贴着锅受热成熟的一种成熟方法，故名锅贴。

锅贴适用于无骨较嫩的原料，一般由多种原料（肥肉膘、鸡脯、豆腐、青菜叶）搭配而成，均经初步加工后，然后贴合在一起（多为长方形或金钱形）。经挂薄糊后入锅小火煎制，边煎边盖上锅盖，下边煎黄，上边发暄，完全成熟时翻入盘内（长方形略加改刀，金钱形、骨牌形不再改刀），上撒花椒盐即成。成菜特点：底酥焦，上软嫩，如锅贴豆腐、锅贴金钱牛肉、锅贴骨牌腰片等。

二十九、锅㸆

锅㸆与锅贴基本接近，不同的是：锅贴只煎一面，锅㸆需要煎两面。事先兑好一个包括葱姜牛毛细丝在内的预备汁，原料两面煎透煎黄后，将预备汁用手洒在所煎原料的上面，翻一个身，盖上锅盖，待汁完全吸收到原料内，葱姜味透出后合在盘内。成菜特点：干香软嫩，透葱姜风味，如锅㸆豆腐、锅㸆鱼片、锅㸆白菜卷。

三十、锅烧

锅烧又称焦烧，多用于大件原料，此方法要经过三道受热程序才能完成。原料经过初步加工后，先煮后蒸，部分原料还需去骨，然后再挂糊用中小火炸制，边炸边顿火，直至炸成色泽金黄，外皮酥焦时捞出，放墩子上切成骨牌块，马鞍桥形装盘，撒上或外带花椒盐。成菜特点：酥焦适口，如锅烧鸡、锅烧鸭、锅烧肘子等。

三十一、涨

涨，即铁锅涨蛋，又称鸭油涨蛋。豫菜习惯称之为铁锅烤蛋，厨界通常把它作为一款菜品介绍，按照烹调方法的定义，根据铁锅涨蛋的制作规律，涨应该确定成为烹调方法，因通过涨的受热方法后直接上桌食用，不再有其他操作程序及受热方法，故将铁锅涨蛋定为豫菜的烹调方法。铁锅涨蛋是将调制好的蛋液倒在特制的热铁锅内，将蛋液搅动，待成浓糊状后，将已经烧热的铁锅盖盖上，利用锅盖的热能将浓糊状的蛋液涨起并达到色泽柿红的要求。

三十二、扣

扣的基本定义应为两种以上的烹调熟制方法所组成。

扣，原指手法，不属于烹调方法的范畴，即将各种上笼蒸制的菜品反扣在另一个盛器中，如芥菜肉、蒸肘子、清蒸整面鸭、八宝饭等，这种手法不仅突出菜品的成形与表面美观，更主要的是突出菜品的主料，完美地表现了菜品的艺术手法及增加客人对菜品的食欲感。根据菜品的不断传承、发展、创新，在扣的基础上又出现了新的成形方法，即将蒸制的菜品扣在盘的正中或扣在盘的一端，然后利用烧制或炒制的另一部分菜品，围在扣菜外围或扣菜另一端，如梅竹管廷、元宝莲子、雪月鱼卷、北极贝扣酿羊肚菌、八宝葫芦扣干贝等。上述菜品虽说盛装在一个盘中上桌，但其受热成熟方法却不相同，扣的多为蒸，围裙部分多为烧炒，这类成形菜品基本上是由两种以上的烹调方法生成一道菜品，故将扣列入烹调方法之中。

三十三、腌

腌，通常指经过腌制后直接供食用的成菜方法，根据腌制时间长短，又分腌与爆腌两种，腌多用于体形大，不易入味，腌制时间较长的原料，如胡萝卜、白萝卜、大头菜、榨菜头、芥菜梗之类的原料。爆腌多指腌制时间较短并且又入味的腌制方法，这种方法选择用刀加工过的小型原料，如爆腌黄瓜丁、爆腌蒜薹、爆腌芹菜梗、爆腌白菜帮等。爆腌的基本规律是，原料经改刀加工后放入盐、花椒抄拌均匀，腌制片刻即可上桌，食时淋入小磨香油。

三十四、泡

泡是一种凉菜制作方法，适用于植物性原料中的脆性原料。通常以包菜、黄瓜、白菜、萝卜、蒜薹、大蒜、辣椒、芹菜为主，原料经过初步择洗改刀略烫后，放入泡卤汁中，一般泡24小时后再食用，口感更爽脆。

泡卤使用调料配制：白糖、白醋、食盐、凉开水、大蒜瓣、尖红干椒。其口味要求：甜酸微辣；质感要求：脆嫩爽口。

泡制程序：将白糖、白醋、食盐、凉开水兑在一起使糖化开，放入蒜瓣、尖红辣椒制成泡卤汁。泡制原料经初步加工改刀后，用开水略烫一下控干水分，放在泡卤中翻拌均匀泡制。夏季制作，可将泡制原料入冰箱内存放，24小时后方可食用。

三十五、涮

涮是自己掌握所涮原料成熟度，根据自己口味需求再调味的一种进食方法。古为铜制带炉心燃木炭的火锅，今为电磁火锅，其方法：火锅内汤烧沸，所涮原料经初步加工处理或切成薄片后，放入火锅沸汤内涮制片刻，再蘸调料汁食用，边涮边吃边加汤的一种烹调方法。涮锅原料一般包括：生牛肉、羊肉、鱼肉、猪里脊肉、虾胶、鸡血、豆腐、千张、莲藕片、土豆片、香菇、平菇、杏鲍菇、生菜、白菜、菠菜、茼蒿、油麦菜等。

三十六、琥珀

琥珀是先把原料加工成形后，再经初步熟处理，把白糖、冰糖放在适量的水里烧开撇去浮沫，倒入砂锅里，垫上锅箅，同时将主料下入，用小火收汁，至色呈琥珀，汁浓为止，如琥珀山药、琥珀冬瓜、琥珀莲子等。

三十七、琉璃

琉璃是一种甜食做法，也可以称之为拔丝菜品的后续，主料一般是馍、肉、藕等。原料经过初步加工成形后，再经油炸成熟出锅控油，锅内下入白糖150克，放火上用勺炒至熔化倒入炸好的琉璃原料，翻拌均匀，倒在不锈钢平盘内，逐个拨开晾凉后装盘。如琉璃藕、琉璃馍、琉璃丸子、琉璃土豆等。成菜特点：色浅黄，外酥脆，味甜香，亮度如琉璃。

三十八、拔丝

拔丝是一种甜食的制作方法，原料初步加工改刀后，经挂糊或不挂糊，炸成金黄色捞出待用，锅内放少许油，加入适量的白糖，小火将糖炒化，把炸好的原料放入锅内，翻拌均匀，盛在抹过油的盘内即成。拔丝分为水拔、油拔、干拔三种，成菜特点：香甜可口。如拔丝山药、拔丝苹果等。

三十九、挂霜

挂霜又称霜打，是甜食制作的一种方法，因成菜外表形似冬季的霜雪一样而得名。挂霜化糖很重要，火候轻了不挂霜，火候大了就变成拔丝了。一般以糖起浮沫下料，糖汁起泡时为佳，如霜打馍、挂霜花生、霜打盐煎饼等。

四十、蜜炙

蜜炙是一种甜食制法，原料经过初步加工成形后，再经过炸、蒸或水煮的方法成熟，加入白糖、蜂蜜以及适量的水，大火烧开，小火炙味，糖汁发浓呈蜜黄色时，下入白荤油少许搅匀，盛盘即成。成菜特点：色泽柿黄，香甜可口，如蜜炙菊花果、蜜炙八宝梨等。

四十一、风干与腊制

风干制品和腊制品虽说不属烹调方法的范畴，但其风味特色不可忽视。

风干制品多在冬季制作，如风鸡、风干兔肉，因风干品种不同，故风干加工程序也略有变化，风鸡宰杀后从右肋下腋开口取内脏，装入花椒盐，上下抖匀，吊挂在通风处风干，食时干拔毛后洗净，入蒸锅或卤锅熟制。风干兔肉则先将兔宰杀去皮后用盐、花椒腌透，然后风干，食用时用水洗净入卤锅熟制。

腊制品多为腊月腌制，故名，如腊制火腿。腊制品腌制时间较长，在腌制过程中需要经常上下翻动，使其入味一致，腌透后晾干水分，食用时用水洗净，上笼蒸熟或入卤锅卤熟。

第三章 豫菜味型的种类及调制

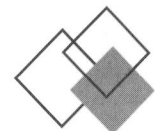

豫菜在调味上十分讲究，秉承"五味调和，质味适中"的调味原则，能够根据中原四季气候的明显变化，巧妙地运用咸、甜、酸、辣、苦之五味调料，根据食材的自身特性，四季气温的不断变化，中原人故有的口味需求，采用不同比例的调和方法，互有差异，各具特色。反映了调味变化之精细，并形成了菜肴口味的独特风格。

一、咸鲜味型

咸鲜味型，常用味型之一，特点：咸鲜清香。广泛应用于冷、热菜品，常以食盐、料酒、味精、鲜汤调制而成。因不同菜肴的风味需要，也可用酱油、香油、姜末、香葱、食盐、料酒调制。调制时须注意掌握咸鲜适度，突出鲜味，力求保持以蔬菜为烹饪原料本身具有的鲜香味。应用范围：动物肉类、鱼类、贝壳类、家禽家畜类及蔬菜、豆制品、各种菌类等，如桶子鸡、滑拌肉丝、盐水毛豆、炒鱼片、清蒸鳜鱼、菜心扒广肚、芙蓉红燕等。

二、咸甜味型

咸甜味型，常用味型之一，特点：咸甜并重，兼有鲜香。多用于热菜，以食盐、白糖、料酒调制而成。因不同菜肴的风味需要，可酌加姜葱、花椒、鸡油调制。调制时，咸甜二味可有所侧重，或甜略重于咸，或咸略重于甜。应用范围：猪肉、鸡肉、鱼肉、蔬菜、豆制品等，如冰糖肘子、樱桃肉、樱桃鸡、叉烧肉、燀肉干、燀面筋、燀豆腐等。

三、咸酸味型

咸酸味型，常用味型之一，特点：咸中透酸。广泛应用于冷、热菜品，以食盐、料酒、香醋、酱油、香油、鲜汤调制而成。因不同菜肴的风味要求不同，也有不用酱油的，如滑熘里脊片。应用范围：猪肉、鱼肉、鸡肉、蔬菜、各种蛋类等，如滑熘肉片、滑熘鸡片、海米熘黄菜、清蒸丸子、凹鸡蛋、醋熘土豆丝、三鲜铁锅蛋等。

四、酸辣味型

　　酸辣味型，常用味型之一，特点：醇酸味辣，咸鲜味浓。多用于热菜、凉菜之中，以食盐、香醋、胡椒粉、酱油、香油、味精、料酒、鲜汤调制，冷菜中的辣味多用蒜泥、姜末、芥末呈味。调制酸辣味，要掌握咸味为基础，酸味为主体，辣味助风味的原则，通常突出其味以酸、辣、香为呈味标准。应用范围：海参、鱿鱼、蹄筋、鸡蛋、猪肚、白菜、萝卜、莴笋等，如酸辣海参、酸辣蹄筋、酸辣烩乌鱼蛋、酸辣烩肚丝、酸辣白菜、酸辣包菜丝、酸辣萝卜丝等。

五、糖醋味型

　　糖醋味型，常用味型之一，特点：甜酸味浓，回味咸鲜。广泛用于冷、热菜品中，以食盐、白糖、香醋、酱油、蒜蓉、姜末、葱末调制而成，调制时，咸味为基础，用适量的糖、醋突出甜、酸味。应用范围：猪肉、鱼肉、鸡肉、海蜇、白菜、豆腐、莴笋等，如糖醋熘肉片、糖醋排骨、糖醋瓦块鱼、糖醋鸡丁、糖醋豆腐、糖醋茄子、糖醋白菜、糖醋莴笋、糖醋虾仁等。

六、酱香味型

　　酱香味型，常用味型之一，特点：色泽枣红，酱香浓郁，咸鲜带甜。多用于冷、热菜品之中，以面酱、食盐、味精、料酒、鲜汤、香油调制而成。因不同菜肴的风味需要，可酌加白糖及葱姜调制，在调制菜品时，须审视面酱的质地、色泽、味道，决定其他调料的用量，如面酱色泽过深，则可以用香油或汤汁加以稀释，令色稍淡。应用范围：牛肉、猪肉、鸭肉、鸡肉、鱼肉、牛蛙、冬笋、豆腐等，如酱牛肉、酱肘子、酱炙鸭、酱汁鸡丁、酱汁牛蛙、酱汁肉片、酱冬笋等。

七、酒香味型

　　酒香味型，常用味型之一，特点：酒香浓郁，质嫩鲜香。多用于冷、热菜品中，以料酒、食盐、味精、鲜汤、香油调制而成，因不同菜肴的风味需要，可酌加姜末、葱花调制。应用范围：鱼类、虾类、蟹类、蛋类等，如酒煎鱼、酒烹虾仁、醉蟹、醉蛋等。

八、荔枝味型

荔枝味型，常用味型之一，特点：味似荔枝，酸甜适口。多用于冷、热菜品之中，以食盐、白糖、香醋、酱油、味精、料酒、鲜汤调制，并取葱、姜、蒜的辛香味调制，须有足够的咸味，然后是酸味和甜味，甜味略少于酸味，注意酸甜适度，姜、葱、蒜仅取辛香气，用量不宜过重，因不同菜肴风味的需要，可酌加少量的干辣椒（细丝或小段）。应用范围：猪肉、鸡肉、鱼肉、虾肉、黄瓜、莴笋、白菜、包菜、芹菜等，如荔枝里脊、荔枝小鸡、荔枝鱼条、荔枝虾球、荔枝凤脯、荔枝黄瓜、荔枝莴笋、荔枝包菜等。

九、葱椒味型

葱椒味型，常用味型之一，特点：色泽柿黄，葱椒气味浓郁。多用于冷、热菜品之中，以葱椒、食盐、酱油、香油、味精、料酒、白糖、鲜汤调制，因不同菜肴风味的需要，可酌加葱姜细丝调制。应用范围：鱼类、肉类、鸡类、鸭类等，如葱椒炝鱼片、葱椒炝肉片、葱椒炝鸡丁、葱椒炝鸭脯、葱椒炝腰片、葱椒炝西芹、葱椒拌豆腐等。

十、腐乳味型

腐乳味型，常用味型之一，特点：色泽浅红，腐乳风味浓郁。多用于冷、热菜品之中，以红色腐乳、食盐、酱油、香油、味精、料酒调制，因不同菜肴风味的需要，冷菜可酌加葱花、姜末调制，热菜可酌加葱姜丝、花椒调制。应用范围：鸡类、鱼类、肉类、豆制品类、黄瓜、萝卜类及部分涮锅类等，如腐乳拌鸡片、腐乳拌鱼片、腐乳拌肉片、腐乳肉、腐乳黄瓜条、腐乳拌白菜等。

十一、五香味型

五香味型，常用味型之一，所谓"五香"是以数种香料卤制食品的传统说法，所用香料通常有花椒、八角、小茴香、砂仁、白芷、豆蔻、草果、桂皮等，根据菜肴需要酌情选用，远不止五种。特点：色泽红润，浓香咸鲜，广泛用于冷菜、卤制菜品之中。上述香料加食盐、料酒、酱油、葱、姜腌渍食物，烹制成菜或卤制成菜。应用范围：猪肉类、牛肉类、羊肉类、兔肉类、狗肉类、鱼类、鸡类、鸭类、鹅类、豆制品类等，如五香鱼、五香鸽子、五香排骨、五香牛肉、五香豆腐干等。

十二、椒盐味型

椒盐味型，常用味型之一，特点：干香酥脆，椒香扑鼻。多用于热菜制品中的炸制菜品，以炒干的细盐与焙焦的花椒调制，花椒与细盐的比例为1∶1配制，加工方法为，将炒干的细盐与擀碎过箩的花椒面掺拌均匀，存放在一定的容器内，食时取出上撒或外带。应用范围：各种动植物炸制菜品，如椒盐茄夹、椒盐排骨、椒盐鸡丁、椒盐里脊、椒盐鸭胗，椒盐莲棒、椒盐夏瓜片等。

十三、蒜香味型

蒜香味型，常用味型之一，特点：蒜香浓郁。多用于热菜制品中，以蒜蓉粉或炒香的蒜蓉、食盐、味精、料酒、酱油、白糖、鲜汤调制，炸制菜多用蒜蓉粉，蒸制菜或炒制菜多用炒香的蒜蓉。应用范围：鱼类、排骨类、凤翅类、菌菇类等，如蒜香蒸鱼、炒鳝糊、蒜香排骨、蒜香凤翅、蒜香鸭胗、蒜香蒸丝瓜、蒜香口蘑、蒜香白玉菇、蒜香杏鲍菇等。

十四、姜汁味型

姜汁味型，常用味型之一，特点：姜味醇厚，咸鲜微辣。广泛用于冷菜之中，以食盐、姜汁、味精、料酒、鲜汤、香油调制而成。根据菜品食材的不同及食客口味的要求，在部分品种上可酌情加入香醋。应用范围：各种新鲜蔬菜及部分动物原料，如芦笋、菠菜、茭白、四季豆、鲜毛豆、蒜苗、虾仁、肚丝、鸭掌、鸡腰等，如姜汁芦笋、姜汁排叉、姜汁毛豆、姜汁虾仁、姜汁鸡腰等。

十五、陈皮味型

陈皮味型，常用味型之一，特点：陈皮芳香，微苦味厚，回味干香。多用于冷菜之中，以陈皮、食盐、香油、醋、花椒、干辣椒节、葱、姜、白糖、味精、料酒调制而成，调味时，应掌握陈皮的用量，过少无陈皮味，过多则回味带苦。应用范围：牛肉、兔肉、鸡肉，如陈皮牛肉、陈皮兔肉、陈皮鸡、陈皮通脊等。

十六、芥末味型

芥末味型，常用味型之一，特点：酸辣香，芥末味冲鼻。广泛用于冷菜之中，以熟芥末糊、食盐、香醋、酱油、料酒、香油调制而成，调制时，先将芥末糊用香醋澥散，再加入其他调料。应用范围：鸭掌、猪肚、鱼肚、蹄筋、鸡肉、鱼肉、白菜、西芹、芹黄、粉皮、粉丝、粉条等，如芥末拌鸭掌、芥末拌肚丝、芥末拌西芹、芥末拌粉皮、芥末拌鱼皮等。

十七、麻酱味型

麻酱味型，常用味型之一，特点：咸鲜醇厚，芝麻酱香气浓郁。广泛用于冷菜之中，以芝麻酱、食盐、味精、料酒、香油、鲜汤调制而成，部分菜品可酌加酱油，根据食客的要求，部分菜品还可酌加姜汁、蒜泥、香醋等。应用范围：鸭胗、鱼肚、蹄筋、海参、鱼片、白菜、黄瓜、芹黄等，如麻酱鸭胗、麻酱鱼肚、麻酱蹄筋、麻酱海参、麻酱白菜、麻酱芹黄等。传统的麻腐拌海参和涮锅蘸酱也属于麻酱味型。

十八、红油味型

红油味型，常用味型之一，特点：咸鲜辣香，回味略甜。广泛用于冷菜之中，以精炼红油、食盐、酱油、味精、料酒、香油、鲜汤调制而成。应用范围：部分动物性原料与其内脏及部分植物性原料，如红油耳丝、红油肚丝、红油兔耳、红油芦笋、红油茭白、红油笋尖等。

十九、蒜泥味型

蒜泥味型，常用味型之一，特点：酸辣爽脆，蒜辣浓郁。广泛用于冷菜之中，以食盐、香醋、酱油、蒜泥、香油调制而成。应用范围：猪肉、猪肚、鱿鱼、蹄筋、鸭肠、白菜、黄瓜、粉皮、芹黄等，如蒜泥白肉、蒜泥肚片、蒜泥鱿鱼、蒜泥蹄筋、蒜泥鸭肠、蒜泥白菜、蒜泥黄瓜、蒜泥茄子、蒜泥芹黄等。

二十、奶香味型

奶香味型，常见味型之一，特点：汁乳白，奶香浓郁。广泛用于热菜之中，以牛奶、食盐、味精、料酒、葱水、姜水、鲜汤、猪油调制。应用范围：排骨、肚子、白菜、蒲菜、鱼类、鱼肚、鱿鱼、海参、蹄筋等，如奶香炖拆骨肉、奶香烩银丝、奶香炖白菜脑、奶香炖蒲菜、奶香炖鲫鱼、奶香扒广肚、奶香烩鱿鱼片、奶香烩海参、奶香炖吊子等。

二十一、瓜酱味型

瓜酱味型，常见味型之一，特点：色泽柿红，瓜酱风味浓郁。广泛用于热菜之中，以西瓜豆酱、味精、料酒、酱油、姜汁、鲜汤、清油调制。应用范围：豆腐、海参、蹄筋、黄香管、牛脊髓、腐竹、面筋、鸡肉、鱼肉、排骨等，如瓜酱烧豆腐、瓜酱烧海参、瓜酱烧蹄筋、瓜酱卤煮黄管、瓜酱卤煮鸡腰、瓜酱烧牛骨髓、瓜酱烧腐竹、瓜酱扒面筋、瓜酱烧鱼块等。

二十二、甜香味型

甜香味型，常见味型之一，特点：甜香适口。广泛用于冷菜、热菜、甜菜制作中，以白糖、冰糖、蜂蜜、猪油、熟芝麻调制，根据甜食方法不同，又分拔丝、琉璃、蜜炙、蜜饯、挂霜、琥珀、冰糖炖等多种甜食制法。应用范围：山药、土豆、苹果、梨、红薯、莲菜、荷花、馒头、冬瓜、莲子、银耳等，如拔丝山药、琉璃藕、蜜炙八宝雪梨、蜜饯荷花、霜打馍、琥珀冬瓜、冰糖炖燕菜等。对部分甜制方法在制作过程中酌情放入少许食盐，如蜜炙苹果、冰糖炖银耳等。故有"要想甜，放点盐"的古训。

二十三、茄汁味型

茄汁味型，常见味型之一，特点：色泽柿红，味微酸微辣，香鲜适口。广泛用于热菜之中，以番茄（粒状）、食盐、味精、料酒、姜汁、泡椒汁、香油调制。应用范围：豆腐、牛肉、羊肉、鱼肉、鸡腰、鸡蛋等，如茄汁豆腐、番茄烧牛腩、茄汁羊排、茄汁鱼片、茄汁鸡腰、茄汁炖蒸蛋等。此味型酌加白糖，可生成另一种风味，如番茄煨鱼、番茄煨排骨等。

二十四、香辣味型

香辣味型，常见味型之一，特点：色泽红润，香辣咸鲜。广泛用于热菜之中，以干、鲜辣椒、食盐、味精、料酒、酱油、白糖调制。应用范围：鸡肉、羊肉、排骨、兔肉、鹅肠、猪肝、马铃薯、虾、茭白、冬笋、山药、豆角等，如炒辣子鸡丁、香辣羊排、香辣兔肉、香辣猪肝、香辣青虾、香辣土豆片、香辣冬笋、香辣山药片、香辣豆角、香辣白玉菇、香辣杏鲍菇等。

二十五、鱼香味型

因人员交往频繁，技术、物产交流迅速，部分中原人的口味在发生着微妙的变化，适应川菜味型人群不断上升，特别是女性及中年人群，对川菜味型中的鱼香味型普遍喜欢，为了准确把握鱼香味型的调制，故将鱼香味型所使用的调味品及特点作一介绍，丰富中原人的口味。鱼香味型，特点：咸、甜、酸、辣兼备，葱姜蒜香味浓郁。广泛用于热菜之中，以泡红辣椒、食盐、酱油、白糖、醋、姜末、蒜末、葱末调制而成。应用范围：猪肉、牛肉、鸡肉、茄子、土豆、豆角、豆腐等，如鱼香肉丝、鱼香牛肉片、鱼香鸡丁、鱼香茄排、鱼香莲条、鱼香土豆丝、鱼香豆腐煲。

二十六、家常味型

家常味型，特点：色泽红润，咸鲜微辣。以郫县豆瓣酱、泡红辣椒、料酒、豆豉、甜面酱、味精调制而成。应用范围：鸡、鸭、鹅、兔、猪、牛、豆腐、海参、鱿鱼、蹄筋、茭白、芦笋、冬笋等，如家常海参、家常牛筋、家常豆腐、家常鱿鱼、家常笋干等。

二十七、怪味味型

怪味味型，特点：咸、甜、麻、酸、鲜、香并存而协调。广泛用于冷菜之中，以食盐、酱油、红油、香油、芝麻酱、白糖、醋、味精、料酒、花椒面、熟芝麻、蒜泥、姜末、葱花调制而成。应用范围：鸡肉、鱼肉、兔肉、花生米、核桃仁、蚕豆等，如怪味鸡、怪味鱼条、怪味兔丁、怪味花生米、怪味蚕豆等。

二十八、麻辣味型

麻辣味型，特点：麻辣味厚，咸鲜而香。广泛用于冷、热菜品之中，以辣椒、花椒、食盐、味精、料酒调制，因不同菜式风味需要，可酌加白糖、豆豉、五香粉。应用范围：鸡、鸭、鹅、猪、羊、牛、兔及部分动物的内脏、豆类制品、干鲜蔬菜等，如水煮肉片、麻婆豆腐、麻辣肚丝、麻辣鸡丝、毛肚火锅等。

二十九、咖喱味型

咖喱味型，中西合璧味型，由多种香辛料组成，特点：色泽棕黄，咖喱香浓，咸香微辣。广泛用于冷、热菜之中，以咖喱粉、洋葱、姜、蒜、食盐、味精、料酒、植物油调制，其程序为：植物油下锅烧热，加入洋葱粒、蒜蓉、姜米炒香，再加入咖喱粉炒至棕黄，然后投入主料及其他作料，咖喱粉裹上原料出锅盛菜。应用范围：鸡肉、鱼肉、牛肉、虾肉、茭白、山药、面筋等，如咖喱鸡块、咖喱牛肉、咖喱茭白、咖喱面筋等。

三十、孜然味型

孜然味型，常见味型之一，特别在西北新疆地区广泛使用。特点：孜然香浓，咸鲜微辣，多用于荤菜类热菜中，以孜然粉、辣椒粉、食盐、味精、料酒、香葱段调制。应用范围：牛肉、羊肉、蝉、蚕蛹等，如孜然羊肉、孜然牛外腰、孜然兔丁、孜然金蝉、孜然蚕蛹、孜然土豆条、孜然山药片、孜然杏鲍菇等。

第四章 豫菜原料常识

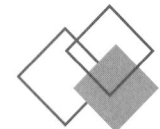

一、燕窝

燕窝又称燕菜,是金丝燕的窝,由于上天的宠爱,在世界上各种各样的燕子中,只有金丝燕才能生产燕窝。金丝燕主要分布于印度、马来西亚、泰国等,我国海南岛和福建、浙江沿海地区也有分布。金丝燕群栖,食鱼虫、水藻,它口腔里的黏液腺发达,能分泌出大量浓厚而富有黏性的唾液,这些黏液吐出后,经海风吹拂就凝结为白色半透明的丝状固体,堆积并固着在岩壁上,构成半个小碗形的鸟巢,这就是燕窝。

燕窝是不可多得的"八珍"名肴,其主要营养成分如下:碳水化合物30.5%、蛋白质49.85%、灰分6.19%、磷0.3%、铁0.0049%。

泰国的燕窝最负盛名,其中又以最大的燕窝产地——燕窝岛,最为著名。燕窝岛位于泰国南部,是宋卡岛中上百个岛屿中最小的一组小岛,从远处看,那里只有四个岛,到了近处却是五个岛,因此人们给它起了个恰如其分的名字"四五岛"。

一般燕子做窝是在山洞里的石灰岩壁上,低的地方一伸手就能够得着,高的地方则要长长的竹竿,顶端绑上一个铁制的小铲,才能把燕窝取下来。洞口有许多燕子在栖息,除燕子外,山洞里还居住着不少蝙蝠,据说燕子是早出晚归,蝙蝠是昼伏夜行,虽共同居住一洞,倒也不互相干扰。一般已经做好的燕窝,形似马蹄状的两端直径7~8厘米。

还有一种浅红的燕窝,有人称之为"血燕"。其实这种燕窝之所以呈红色,是因受到岩石细缝中渗出的水分的滋润。岩石是红的,渗出的水分也是红的。经研究分析这种红色的燕窝,由于吸收了含有丰富矿物质的水分,营养价值比普通燕窝更高,是燕窝中的上品。

金丝燕是留鸟,一年到头定居一处,白天出去觅食,不管飞出多远,傍晚它都能准确无误地飞回来。

泰国燕窝岛的环境非常优美,而且幽静,小岛周围芦苇丛生,沟壑纵横,温度适宜,附近湖面上藻类植物遍布,昆虫繁多,再加上人为的保护,这些优越的自然条件,使金丝燕世代在这里繁衍生息。同时,这里产的燕窝也随之享誉全球。

燕窝的质量,以三月产的燕窝直径最大,窝壁最厚,杂质最少,质量也最好。四月份产的燕窝质量次之。八月采集的燕窝高直径最小,窝壁最薄,杂质最多,色泽最暗,质量也是最差,出成率最低。

燕窝的涨发方法:

一般提前先用冷水浸泡12小时(急用可用温水发)。泡开后,捞出,用镊子摘净燕毛和杂质,而后用清水泡上备用。出成率:一钱干燕窝水发后,出五至八钱不等,最多可出一两(特级的官燕)。也有用适量的碱提发燕窝的,这种方法出成率较高,发出的燕菜也显得挺实,但燕窝中的营养成分会受到一定的损坏。

二、干贝

干贝又名扇贝、海扇,是以日月贝、江瑶柱、栉孔扇贝、华贵栉孔扇贝、赤皿贝等几种贝类的闭壳肌"肉柱"干制而成的名贵海味品,是海中八珍之一。

扇贝为带壳的软体动物,我国常用的扇贝有十多种,北方以栉孔扇贝为主,南方以华贵栉孔扇贝、日月贝、江瑶贝为主。栉孔扇贝:扇贝的壳形似扇子,一般为紫褐色、黄褐色、杏红色、暗灰色,两壳大小几乎相等。左壳凸,前耳大,后耳成三角形,右壳较平,前耳为长方形,后耳为三角形,腹面有一凹陷,形成栉孔。左壳放射肋极为发达,壳面有半圆形的生长环,可根据生长环来判断扇贝年龄。栉孔贝产于山东的石岛、东楮岛和辽宁的长山群岛等地。

栉孔扇贝在海中是垂直分布在3~30米处的浅海岩石或沙质海底,喜欢在流水通畅、水质优越的区域内生活,适应生长温度为6~20℃。

扇贝是雌雄异体,雌性生殖腺为粉红色或橘黄色,雄性的生殖腺为乳白色,精子和卵子排在海水中自然受精。扇贝的生殖季节在山东地区为5月中旬至6月中旬,在大连地区为5月末至6月中旬,海水温度在14~17℃时,是产卵高峰。

扇贝在正常的自然环境中,是用足丝附着生活。当环境不适宜时,能迅速地把足丝脱落,闭壳肌连续急速地开闭,靠把外套腔的水压出而形成的反作用力来推动前进,重新选择适宜的生活区域。它是一种滤食性动物,由于附着生活,只能吃"等食",属杂食性,除有机碎屑外，还食硅藻类、毛藻类、桡足类等。

华贵栉孔扇贝主要分布于广东、海南岛一带，生活适宜水温为8~24℃。

它的形状是贝壳大，近圆形，高度与长度近似，两壳相等，左壳比右壳稍凸，成体可达10厘米，壳面呈紫褐色、黄褐色、浅红色或具有枣红色的云状斑纹。放射肋大，约23条。同心生长轮脉细密，形成相当密而翘起的小棘，两肋间夹有三条细的放射肋，肋间距小于肋宽，有足丝孔。

华贵栉孔扇贝的采捕应选择在扇贝较肥的季节。采捕时要在主要排卵期之后进行，即7月下旬以后为宜，个头以9~10厘米最好。

扇贝，浅肉黄色，一般每粒高8~9毫米，直径13~18毫米，肌柱体稍高，入口清鲜，鲜浓嫩醇。

日月贝是在沙质海底平卧生活，下面的一扇贝壳贴在沙上，得不到阳光，是白色的，上面的扇贝壳照得到光线，是朱红色，又因它贝壳很圆，形似日月，故名日月贝。和扇贝相似，可用闭壳肌伸缩开合贝壳，排水游动。

日月贝，粒较粗大，肌柱粗短，扁圆形，色浅黄，口感较粗老，味不及扇贝香嫩鲜美。

广西北海一带较多，一般春秋两季采捕为佳。

江瑶柱是种较大的双壳贝，呈长三角形，尖的一头插在泥沙里，宽的一头露在外面，用足丝固着在泥沙上，足丝长达1~200毫米，近年来在福建沿海较多，渔民一般在冬季1~3月采捕加工。

江瑶柱，色浅黄，个头比扇贝高大，圆粒旁侧略有一缺陷，形成偏圆。肌肉丝较细，而口感老韧，味比扇贝、日月贝均差。江瑶柱的贝柱侧没有那块小片筋。

干贝营养丰富，其干制品的蛋白质含量高达62.8%。

扇贝中还含有己氨酸、琥珀酸，有"天下绝品"之美称。含脂肪2.5%，碳水化合物8%，灰分11.4%，钙29毫克，磷1.53毫克，铁8毫克，热量302千卡。

据研究分析，扇贝的生殖腺可提取出一种抗癌物质，因此，在满足人们的美食要求之外，养生强身又是扇贝的新使命。

干贝的涨发方法：

（1）选好的干贝洗净，去掉外层片筋，放入陶瓷容器中，加入清水、葱段、姜片、绍酒（有的加生鸡油），上屉蒸45分钟，蒸至以手指捻之而散，能成丝状即可。摘去贝壁白肌条待用。

（2）先用清水洗净，加开水浸泡1小时，摘去贝柱肌，入锅稍蒸即可。出成率：500克干货涨发后可出1.5~2千克。

常制作的菜肴有冷烩干贝、芙蓉干贝、桂花干贝、绣球干贝、干贝萝卜球、贝蓉双蔬。

三、鲍鱼

鲍鱼又名大鲍、九孔螺、盘大鲍等。鲍鱼是一种非常名贵的海产食品，它是爬附在浅海低潮线以下岩石上的单壳贝软体动物。

鲍鱼的足部较发达，而且肥厚，分为上下两部分。上足与下足之间有沟为界。下足伸时呈椭圆形，腹面大而平，适于附着和爬行，实际上鲍鱼就是它整个足部的全部肌肉。

鲍鱼生长比较慢，一年生的鲍鱼贝壳只有2~3厘米，二年生的4~5厘米，10厘米以上的个头，要生长5~6年。鲍鱼在岩石上的附着力很强，它能忍受大浪的冲击，一个15厘米的鲍鱼，就有200千克的附着力，捕捉时最好不要惊动它，否则不易捕捉。

鲍鱼的种类很多，分布也很广，几乎全世界几大洋都有出产。日本、美国、墨西哥等国出产的鲍鱼都很好，特别是墨西哥的鲜鲍鱼，个大质嫩，被誉为"墨鲍"。干鲍鱼一般以日本产的为好。我国广东、山东、辽宁、台湾等地也有出产。

鲍鱼中的营养物质主要含有：蛋白质40%、脂肪0.9%、无机盐7.9%、糖33.7%，还有较多的钙、铁、碘和维生素A、B族维生素、维生素C等。

鲍鱼可以红烧、煲制、白扒、氽汤等，鲜鲍可油炸或拌食等。

鲍鱼贝壳可入药，名为"石决明"，有明目祛障的功效。还能清热、平肝、息风。

传统鲍鱼的涨发方法：

多用水发，方法是：鲍鱼先用温水浸泡洗净，而后用热水浸泡12~15小时（水温保持在80~90℃）捞出，入开水锅中文火煮2~4小时后，加入硼砂（500克干鲍鱼加硼砂50克），焖泡10小时左右（水温仍保持在80~90℃），而后用手捏鲍鱼，见已发透硬心，而且有弹力，捞出洗净，再用开水反复焯后（吐硼砂）即可蒸制使用。

鲍鱼涨发另一方法：将鲍鱼洗净，在70~80℃的热水中浸泡4小时，而后换清水加热（500克干鲍鱼加硼砂20克），用文火煨煮2~4小时，离火后，继续在热水内浸泡（最好保持恒温70~80℃），第二天换清水仍以文火煮2小时，至鱼体无硬心，有弹力，表里弹性程度一样即成。而后用开水反复焯后，即可烹制。

出成率：500克干鲍鱼水发后一般出1.25~1.5千克。

现在干鲍鱼或鲜鲍鱼的涨发一般采取煲制，十分讲究方法，原汁原味，一气呵成。

四、海参

海参，海中人参，又名海鼠。它是一种棘皮动物，体呈圆柱形，前端有口极，口周围有触手，后有反口极（肛门），有感觉功能。海参的繁殖又称为"放浆"，是从背部放射出一股白色雾状物质，即精子或卵子。受精后产生耳状幼体，而后变态发育成幼参，它由浮游变成底栖，开始附在水底生活。披着褐黑色或苍绿色的外衣，身体长着许多突出的肉刺，这就是海参。

海参的营养丰富，据《本草纲目》记载：海参有补肾、补血和治疗溃疡等疾病的效用。每100克海参含蛋白质61.6克，脂肪0.9克，碳水化合物10.7克，无机盐19.4克，含碘3000微克。所以它是一种优良的滋补品。

1. 海参种类

海参分刺参和光参两大类。刺参类：刺参、梅花参、黄玉参、辽参、广参、瓜皮参、大乌参、方刺参、十番参、九番参。光参类：茄参、乌虫参（香参）、白石参、白瓜参（地瓜参）、克参（乌狗参）、乌乳参。

我国沿海海洋的食用海参有几十种，下面介绍几种。

（1）刺参（灰参） 刺参个头不大，但体壁肥厚，肉质细糯，皮薄，它产于山东沿海和辽东半岛沿海，生活在海流较稳定的海湾内，喜栖于3~15米的岩礁或细泥沙的海底。它的身体背部布满大小不等的圆锥状肉刺，故名刺参。

刺参既没有快速游泳的本领，又无强而有力的武器，唯一的法宝是"分身术"。当它受到刺激时，能将一部分内脏从肛门排出来。这是一种黏稠状的物质，用以迷惑敌人，而真身借机避开敌害。海参失去这部分内脏还可以重新长出来。海参不但能重新长出失去的内脏，而且还能长出身体的其他部分。若把海参切成两半放回海里，经过三四个月，分开的头尾又能重新长成新海参，再生能力较强。海参生长适宜的水温为3~20℃，最适宜的水温为10~15℃，水温低于3℃或高于20℃，基本停止生长，这样就形成夏眠和冬眠的潜伏期。

每当夏季来临，海水的温度一天天升高，海参就爬到深水里伏在岩礁缝隙中或石头的附近，不吃也不动，开始"夏眠"，它一直睡到仲秋季节，才开始活动，这一觉足足睡上三个多月！秋高气爽，水温渐凉，海参便爬到浅海中，边爬边觅食，海底含有丰富的有机物和小虫的泥沙，吞噬下去，夹在泥沙中的小虫和有机物被消化吸收，消化不了的泥沙被排出体外。然而这些粪便却给潜水员捕捉海参提供了线索。

每当入冬水温下降至3℃时，即进入12月至来年3月的冬眠，这一觉又睡了三个多月，这样就形成了5~7月上旬春水参和10~12月上旬的秋水参两个捕获季节。

出成率：每500克干海参水发后出3.5~4千克。

（2）梅花参　又名凤梨参，是栖息于珊瑚礁周围的一种大型食用海参，因它的个头是同类中最大的一种，所以又有"海王参"之称。梅花参可算是一种"开花"的动物，它的橙色背部，布满了一簇簇花瓣状肉刺，它身上的花瓣多则11瓣，少则3瓣，头部周围长着10个花朵状的触手。它爬行缓慢，轻盈美丽。

梅花参生活在水深5~30米的海底，每年4~5月，西沙、中沙群岛和海南岛沿海海面风平浪静，渔民便纷纷驾船出海，戴上潜水镜，潜入海底捕参。

它体形粗大，直径3厘米，长12~15厘米，重达0.25千克，有的竟达1米长，干制品色泽纯净，乌黑光润，有时似深茶褐色，干制时剖开腹腔展平，呈片状。500克干参水发后可出2.5~3千克（有接近刺参的清香味）。

（3）黄玉参　又名黄肉参、明玉参，体形似圆柱形，色杏黄，两端钝圆，直径较粗，背部有突起的疣状刺，疣上有小疙瘩，好似突刺，腹面较平坦。产于广西防城、海南省、西沙群岛等地，产期为春季及秋末初冬。每500克干参可出水参2.5~3千克。

（4）方刺参　参体为方柱形，较细长，色灰黄，沿体四角排列着较规则的丝形肉刺，腹面有细小的吸盘，有接近刺参的清香味道。产于广西、西沙群岛、海南岛一带沿海，产期为春季、秋季。500克干参出水参3千克左右。

（5）乌乳参　参体呈短粗圆筒形，两端稍圆尖，皮质细，呈黑褐色，两侧及腹部为棕褐色，肉里青棕色，光照呈半透明。产于广西北海、西沙群岛、海南岛沿海等地，产期为春季、秋季、冬季。500克干参可出水参2.5~3千克。

（6）白石参　参体呈长筒状略扁，顺背部剖开，背部有疣状突起，为浅黑色，皮面无颗粒。两侧下沿及腹部均为白色，腹面上挂有粉状石灰质层。

产于广东省沿海、海南岛、西沙群岛。产期为春季、秋季、冬季。较大的5只500克，个头中等的20只500克，较小的50只500克。每500克干参可出水参2千克左右。

（7）白瓜参　又称地瓜参，参体呈长圆桶形，色灰褐并浮现棕黄，皮细，肉质薄，皮面有小皱纹，肉里黑胶色，体长一般为9~14厘米，不分规格，均为统货。产于浙江东部的东海地区。每年的5~6月、8~9月为捕捞季节。

（8）乌虫参　又名香参，参体呈圆柱形，两端略突出，体色黑灰略带棕红色，腹部棕色略浅，皮层细净，无颗粒肉刺。肉质坚实，有时腹部有割开的小刀口。分大、中、小三种，分别为30头、40头、50头。产于广东省保安及海南岛、西沙群岛一带。产期为春季、秋季、冬季。每斤干参水发后可出2.5千克水参。

海参生长的区域很广泛，遍布世界各海洋。

2. 海参发制

水发海参的几种方法：洗、泡、煮、焖、开、养、追。

水发海参的程序如下。

一般是先用凉水洗净，用温水浸泡2~3小时，再用微火煮2小时左右，用原汤焖泡3~5小时（养泡）之后检查，见已软，剖开内脏，不要碰破海参内脏内膜，去泥沙洗净，然后换热水泡（养3天后，以无硬心为度），每天要换水，最后捞出入净水追泡10小时后待用。

注意事项：涨发用具和容器不能有油或盐分，避免海参溶化。

海参发制方法很多，可根据原料性质的不同选择不同的方法，一般原则如下：

①皮薄肉厚的红旗参、乌条参、花瓶参可用少煮多泡的方法。

②外皮坚硬，肉质软厚的大乌参、岩参、灰参必须用火烤后，再用水发。

③皮薄肉厚的明玉参、秃参、黄玉参可采用勤煮多泡的方法。

④破腹去内脏的时间要适宜。

五、鱼唇

鱼唇是用鲟鱼、鳇鱼、鲨鱼、鳐鱼等鱼的唇部软肉干制而成的。中国福建、广东、浙江、辽宁等沿海均产，其中以福建、浙江产量最多。

鱼唇皆为淡干品，以干燥体大，有光泽，有透明感，干净，无残污，无虫蛀为上品。

鱼唇须涨发后才能使用，涨发后的鱼唇质地脆软兼具，柔嫩腴美，细腻适口，胶质丰富，为宴席中的上品。作主料适宜于扒、烧、烩等烹调方法，可制作白扒鱼唇、红扒鱼唇、红烧鱼唇、黄葱扒鱼唇等菜肴，鱼唇本身无鲜味，在制作菜肴时要注意赋予鲜味。

鱼唇中含有丰富的胶质蛋白、有防止心血管疾病的作用。中医认为鱼唇味甘，性平，具有补气健脾，开胃进食的功效。

六、鱼肚

鱼肚是黄鱼、鳗鱼等硬骨鱼类沉浮器的统称。鱼肚主要产于中国广东、广西、海南、福建沿海一带。

鱼肚要发制后才能使用。鱼肚为珍贵海产品，在烹饪中多作为主要原料使用，适宜于扒、烧、烩和作汤等烹调方法，可制作白扒鱼肚、烧鱼肚、奶汤鱼肚等菜肴。鱼肚本身无鲜味，在制作菜肴时须注意赋予鲜味。

鱼肚中含有丰富的蛋白质以及多量的黏蛋白。中医认为鱼肚味甘，性平，具有补气健脾，益胃的功效。

七、裙边

裙边是用甲鱼身上硬壳边缘的软肉干制而成。主要产于中国的南方各省。裙边干品以干燥、宽厚、表面平滑光洁、无虫蛀者为上品。

裙边为珍贵的烹饪原料，在烹调中多作为高档菜肴的主料。作主料适宜扒、烧、烩等烹调方法，可制作扒裙边、红烧裙边等菜肴。裙边中含有丰富的动物胶，具有滋阴补阳的功效，常食用对肝脾有好处。

八、猴头菇

猴头菇是一种珍贵的天然菌类。其子实体形似猴头，故名。生于桦树等阔叶树的孤立木或腐木上。中国东北、华北、西北地区都有分布。以黑龙江小兴安岭和完达山及河南伏牛山区出产的野生猴头菇和浙江常山人工栽培的猴头菇为佳。每年7、8月为收摘旺季。

猴头菇有干品和鲜品两大类，现已有罐头制品。干品以个头均匀，形状完整，无伤痕残缺，绒毛齐全，色泽金黄，肉厚质嫩，无杂质，无虫蛀，干燥者为上品。

猴头菇是著名的食用菌类，属于山八珍中的一种。在烹调中刀工成形多为厚片，作主料适宜于蒸、扒、煨、焖、炖等多种烹调方法。

猴头菇含有较全面的营养成分，对于消化道疾病有一定的疗效。中医认为猴头菇味甘，性平，有补脾益气，助消化，抗肿瘤的功能。

九、香菇

香菇，因其干制后有浓郁的特殊香味故名，又称香蕈、冬菇等。主要产于中国浙江、福建、江西、安徽等省。

香菇按外形和质量分为花菇、厚菇、薄菇、菇丁四种。花菇菌有菊花瓣形状的白色微黄的裂纹，菌盖完整，形圆，边缘内卷，肥厚。

香菇有鲜品与干品之分。干香菇，味醇厚香美，比鲜香菇要好。以气香浓，菇肉厚实，个大，形完整均匀，色泽黄褐或黑褐色，菇面常微带白霜，菇柄粗壮，菇面有裂开花纹，干燥为上品。

香菇是世界著名的四大栽培食用菌之一，有"蘑菇皇后"的美誉。香菇在烹调中可刀工成形为丁、丝、块或整形应用。作主料适宜于炒、卤、炸、制汤等烹调方法。可制作卤香菇。由于香菇味鲜香，可以和多种原料搭配制作菜肴，如香菇鱼翅、香菇鹿尾、香菇鱼肚、香菇菜心等菜肴，由于香菇表面为深褐色，也可利用其色泽搭配其他原料，以增加菜肴的花色。香菇是制作素菜的重要原料，是素菜中的"三菇"之一。在素菜中应用广泛，可制作多种素菜，如素鳝丝等。

香菇中含有丰富的蛋白质、维生素D等。含有18种氨基酸，其中8种为人体必需的氨基酸。现代医学认为其有调节新陈代谢、降血压和治疗贫血等作用，特别是近年来发现香菇有较强的抗癌作用，是著名的保健食品。中医认为香菇味甘，性平，具有益胃气，托痘疹等功效。

十、羊肚菌

羊肚菌又称羊肚子、羊肚菜，分布于欧洲、美洲、亚洲等地。我国主要产于云南、陕西、青海、四川、甘肃、新疆等地。目前均为野生。

其子实体有明显的菌柄和菌盖，菌盖膨大呈球形，下端与菌柄相连，表面有明显的网状棱纹，凹陷部分近圆形或多角形，呈不规则蜂窝状。菌柄白色，中空。

羊肚菌做菜，适宜于炒、烧、烩、扒、炖等烹调方法，成品味道鲜美。因其中空，宜作瓤式菜，羊肚菌既可以作主料单独成菜，又可配荤素名料，名菜有河南烧羊素肚，甘肃荷花羊肚菌以及瓤羊肚菌、红烧羊肚菌、羊肚菌烧千张等菜肴。有时也用于全家福、扒素什锦等菜肴的组合料。

羊肚菌干品每100克约含蛋白质24.5克、碳水化合物39.7克。其味道鲜美，是因其含有种脯氨酸的类似物。中医认为其味甘，性平，具有益胃肠，化痰理气之功效。可治疗消化不良、痰多气短等症。

十一、竹荪

竹荪又名竹笙、网纱菌等，子实体呈笔状，高12~16厘米。顶部有钟状菌盖，盖下有白色网状部，向下垂，称为菌裙。夏季生于林中。我国四川、云南产量最多。现已有人工栽培。

竹荪可分为长裙竹荪，其裙长10厘米以上；短裙竹荪，其裙长3~5厘米；红托竹荪，其菌托为粉红色。

竹荪多为干制品。以色泽浅黄，体壮肉厚，长短均匀，质地细软，无断碎，气味清香，干燥无虫蛀为佳品。

竹荪肉质细嫩，味道鲜美，是世界上优良食用菌类，是珍贵的烹饪原料。适宜于烧、扒、烩、焖等烹调方法，尤宜于做汤。可制作竹荪烩鸡片、竹荪气锅鸡等菜肴，因其具有网状菌裙，可制作特色菜肴，如四川名菜推纱望月。其有防止菜肴馊变的作用，可用来延长菜肴的存放时间。

竹荪中含有蛋白质、脂肪、糖等营养成分，还含有十多种氨基酸，营养价值高。对心血管疾病有一定的功效。中医认为竹荪味甘清淡，性寒，具有活血化瘀的作用。

黄裙竹荪有毒，不可食用，须加注意。

十二、口蘑

口蘑是若干生长在草原上的食用菌的统称，旧时以中国河北张家口为集散地，故名"口蘑"。产于中国内蒙古和河北西北部。

口蘑的主要品种有后口蘑、香杏、雷蘑等。按当地商品分类的有白蘑、青蘑、黑蘑、杂蘑四大类。口蘑以个体均匀、体轻、肉厚、菌盖伞状、边缘完整紧卷、菌柄短壮、干燥坚实、不碎、无杂质、无泥沙、香味浓郁为上品。越大越老，质次。

口蘑是优良的食用菌类之一，其香气浓郁，鲜味醇厚，在烹调中可切丁、块或整形应用。作主料适宜于卤、炒、烧、炸、汆汤、蒸等烹调方法。可制作炸口蘑、卤口蘑、烧南北、炒南北、奶汤口蘑、烩鸭丁口蘑菜肴，作配料也应用广泛，主要起增鲜作用。

干口蘑含蛋白质、碳水化合物、磷较丰富，还含有人体必需的8种氨基酸。可降低血压和胆固醇，对肝病有一定辅助治疗作用，并有抗癌作用。中医认为其味甘，性平，有益气，散血热，解表化痰的功效。

十三、银耳

银耳又称白木耳、雪耳。野生的主要产于中国四川、贵州、湖北、福建等亭山林地区。银耳干鲜品均可食用，市场上一般以干品较多，干品以色泽白略有淡黄，有光泽、肥厚、朵形整齐、无脚耳、底板小、无碎渣、无杂质、个体大而轻、干燥、无斑点杂色者为上品。

银耳在烹调中刀工成形较少，作主料适宜于拌、烩、炒、做汤、做甜菜等。可制作烩银耳、清汤银耳、冰糖银耳等菜肴。由于银耳涨发后呈银白色，形似花朵，也可作为某些菜肴的装饰点缀。

银耳所含营养成分全面、丰富，蛋白质、无机盐、碳水化合物、维生素均有一定的含量，特别是还有多种氨基酸及胶质。现代医学认为银耳对高血压、血管硬化等疾病有一定的防治作用，对癌症有一定的抑制作用。中医认为银耳味甘、性平，具有补肾，润肺止咳，生津，益气，健脑，恢复肌肉疲劳等功能。

十四、哈士蟆油

哈士蟆油是雌性哈士蟆输卵管的干制品，是我国名贵的中药材，在国内外市场上有很高的声誉。具有补肾益精、养阴润肺、补虚等功能。用于调节体虚气弱、神经衰弱、病后失调、精神不足、心悸失眠、盗汗不止、痨嗽咯血。

哈士蟆油鲜品为乳白色，干品呈不规则块状，黄白色，油润，具有脂肪样光泽，薄膜状干皮，手摸有滑腻感，遇水可膨胀10~15倍，有腥味。以吉林、黑龙江产的为最好。哈士蟆油的鲜品、干品均可入烹，烹制菜肴，如什锦田鸡油、冰糖哈士蟆、清汤哈士蟆等，兼做药膳食用。

十五、虾子

虾子为雌性虾的卵，主要产于江苏及河北。海水、淡水均产。其获取方法是将捕捞的海水雌虾放清水中，轻轻搅动，使虾卵脱落；如淡水雌虾，捕获后放加盐的清水中，虾遇盐水后，上下翻动，使虾卵脱落，然后将虾卵捞出，用水冲净，沥干水分，用微火焙干即成虾子。

虾子以色金黄发亮，颗粒松散，无粘结，无杂质为上品。每100克虾子含蛋白质44.5克，脂肪2克，并含有大量的碳水化合物和无机盐。

虾子和蟹子很易混淆，有时互为代替使用，其味基本相同。区别是：虾子放入水中会立即下沉，水清。蟹子放入水中浮于水面，水发浑。

虾子的涨发方法多为加滚汤或开水上笼蒸发20分钟，否则鲜味不足。

十六、鱼骨

鱼骨又称鱼脆、明骨、鱼脑、玉柱，是用鲨鱼的脑骨、鳃骨干制而成，脑骨性糯、脆嫩，鳃骨质差。主要产于温州海域与福建沿海，产于清明至芒种时节，春夏盛产。

发制方法：先用凉水浸泡，待吸水膨胀后，放开水内浸泡2小时，鱼骨涨起发白时，放入另一个盆中，兑入鲜汤，加入少许白猪油，上笼蒸20分钟，见鱼骨脆嫩取出晾干，用刀切成片或片成片方可入烹。

十七、乌鱼蛋

乌鱼蛋是雌性乌鱼的卵巢。主要产于山东沿海。将鲜乌鱼的卵巢割下来，用明矾和食盐腌制，使其脱水和蛋白质凝固，圆形而稍扁，乳白色，大的如鸡蛋，小的如鸽蛋，以饱满坚实，体表光洁，蛋层揭开完整，呈乳白色的为上品，为高级海味品。

发制方法：食用时用清水浸泡出明矾和食盐，放开水中浸烫一下捞出，放凉水内揭皮揭片，再放清水中浸泡一下，方可入烹。

十八、淡菜

淡菜是贻贝的干制品。贻贝是常见海水软体动物，也称壳菜海红。我国出产的贻贝有紫贻贝、厚壳贻贝、翡翠贻贝等。贻贝一般为长方形、圆柱形和三角形，壳的表面粗糙，黑褐色或黄褐色，内壁光滑。

浙江、福建产厚壳贻贝；广东、广西产翡翠贻贝；烟台、大连有人工养殖贻贝。贻贝以个大肉厚、野生的为佳。大的称"三水贡"，中等的称"元贡"，小的称"子贡"，每年夏秋为捕捞季节，八月产的最大，九、十月产的最肥。

海红为什么称淡菜？是因为干制时不加盐，故名淡菜。

淡菜的肉味鲜美，含糖很丰富，对精血衰少，产后消瘦有一定疗效。

食用时，先将淡菜用清水洗净，放温水内浸泡2~3小时，抠除肠肚洗净，加鲜汤上笼蒸烂方可入烹。

十九、鱿鱼

鱿鱼，也称枪乌贼。主要产于中国广东、广西、福建、台湾和日本等海域。每年7~8月为捕捞旺季。日本枪乌贼体短而肉鳍较宽大，我国台湾枪乌贼体长肉鳍狭小，又有鲜品、干品之分。

干鱿鱼为淡干品，以肉肥厚，体坚实，呈鲜艳浅粉色，体表略显白霜，无虫蛀者为上品。

干鱿鱼涨发方法分为生发和熟发两种，生发口感脆嫩，熟发柔软光滑。均以每500克干鱿鱼配125克食用碱为比例进行涨发，水以盖住鱿鱼为准，进行回软，膨胀，直至所需质感。

二十、葛仙米

葛仙米是用海匏菜加工制成的。其方法将海匏菜洗净、在日光下晒干。主要产于旅顺、大连沿海和海南岛。旅顺、大连每年4~6月为产期，海南岛春季为产期。

葛仙米为淡干品，呈圆球形，大者如黄豆，小的如红小豆，以粒大整齐，深绿色，味清香，清洗无杂质为上品。

发制方法：葛仙米用水泡软，抠去根部杂质，上笼蒸熟，取出用清水淘净，开水养住备用。

第五章 豫菜制作技艺

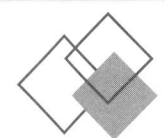

第一节 冷菜制作技艺

一、素菜制作技艺

1. 拌手撕粉皮

绿豆粉皮，性凉，味甘，最早记载于北魏《齐民要术》一书。粉皮在市场上随处可见，深受人们的喜爱。绿豆粉皮富含蛋白质等多种营养物质。人们常用粉皮做菜肴的主配料，如拌手撕粉皮、鸡丝拌粉皮、琉璃粉皮、醋焖粉皮、肉丝带底、粉皮熬炒鸡、粉皮焖肉片等。

主料：圆绿豆粉皮100克。

配料：嫩黄瓜50克，荆芥叶25克。

调料：食盐4克，蒜泥30克，香油10克，芝麻酱10克。

制作方法：

（1）将圆绿豆粉皮用凉水泡软，用手撕成小片状，放开水锅内用小火反复煮，见圆绿豆粉皮透亮光滑时捞出淘凉，控干水分。

（2）将黄瓜切成片与圆绿豆粉皮同放小盆内，加入调料汁（将食盐、蒜泥、香油兑成调料汁）拌匀，装在盘内，上放荆芥叶，淋上芝麻酱上桌食用。

菜品特点：

此菜光滑爽口，酸、辣、香味突出，是下酒佳肴。

制作要领：

（1）粉皮要用圆绿豆粉皮，凉水泡时要泡透，便于手撕。

（2）煮时要用小火反复煮，直至透亮光滑。

(3) 拌时还可以根据食者的要求，加入适量的芥末糊。

2. 素火腿

素火腿是由豆腐皮等原料制成。中医理论认为，豆腐皮性平味甘，有清热润肺、止咳消痰、养胃解毒、止汗等功效。豆腐皮营养丰富，蛋白质、氨基酸含量高，据现代科学测定还含有铁、钙等人体所需的多种微量元素。

主料：豆腐皮500克，榨菜75克，葱、姜各15克。

调料：红腐乳汁35克，香油25克。

制作方法：

(1) 将豆腐皮用刀切成25厘米见方的片。

(2) 榨菜切成细丝，葱、姜切成细丝同放碗内，加入红豆腐乳汁、香油拌匀。

(3) 将豆腐皮每四张为一层，撒上拌好的榨菜丝、葱姜丝，然后卷成卷，外边用粗线绳扎紧，上笼蒸制。约2小时后取出，放入方盘内，用干净布盖住，上边用墩子压住，4小时后去掉墩子，将已晾凉的素火腿解去外绳，顶刀切成2厘米厚的片状，码成马鞍桥形装在盘内，上桌食用。

菜品特点：

此菜清香不腻，有红有白，是宴席凉菜。

制作要领：

(1) 豆腐皮卷制时一定要卷结实。

(2) 扎外绳时要扎结实。

(3) 蒸制时间宜长不宜短。

(4) 一定要压实晾凉后再切。

3. 酥核桃

核桃仁性温、味甘，是世界四大干果之一（其他三种为杏仁、榛子、腰果）。核桃含有较多的蛋白质及人体所必需的不饱和脂肪酸，这些成分皆为大脑组织细胞代谢的重要物质，具有滋养脑细胞、增强脑功能、防止动脉硬化、降低胆固醇的作用。

主料：去皮净干核桃仁350克。

调料：白糖75克，植物油1000克（约耗25克）。

制作方法：

(1) 将核桃仁去干净皮放开水内氽一下捞出，控干水分，放小盆内，趁热下入白糖拌匀，浸渍30分钟，倒在干净布上，搌干水分。

（2）锅内添入植物油，烧至三成热时，下核桃仁浸炸，待核桃仁色泽变为浅黄色时捞出控油，晾凉装盘。

特点：

此菜酥香爽口，为下酒佳肴，是历史名菜。

制作要领：

（1）核桃仁要使用去皮的。

（2）用开水氽的时间不宜长。

（3）用糖浸渍后要用净干布搌干水分。

（4）炸制时油温宜低不宜高。

4. 蒸野菜

野菜的种类很多，能进行蒸制食用的野菜也相当丰富。下面以面条稞为食材，用于蒸野菜的制作。

面条稞，又称面条菜、米瓦罐，它抗寒耐冻，生长期几乎没有病虫害，可以说是一种无公害的绿色食品。面条稞以肥嫩的叶片和幼茎为食用原料，质甜味美、营养丰富，在黄河流域、长江中下游均有大量的越冬栽培，是人们比较喜爱的野菜之一。

主料：面条稞野菜350克。

配料：熟面粉75克，红辣椒5克。

调料：食盐3克，葱花油5克，香油5克。

制作方法：

（1）将面条稞野菜择去老叶洗净，去根，控干水分，放入小盆内，下入熟面粉拌匀，放笼格上。

（2）将蒸笼烧开上汽，拌好的面条稞野菜放在笼内旺火蒸制3分钟后出笼，略凉，用筷子抄散面条稞野菜，倒入小盆内，加入食盐、葱花油、香油拌匀装盘。

（3）红辣椒洗净，片去里肉，切成细丝，放在装盘的野菜上即成。

特点：

此菜色碧绿，味清香。

制作要领：

（1）蒸时要旺火汽足，色泽才能碧绿。

（2）红辣椒丝要切细，凸显此菜的精致。

5．卤煮杏鲍菇

杏鲍菇，性温、味甘，具有降血脂、降胆固醇、促进胃肠消化、增强机体免疫能力、防止心血管病等功效。它富含蛋白质、碳水化合物、维生素及钙、镁、铜、锌等矿物质，是人们饮食生活中不可缺少的食材。

主料：杏鲍菇500克。

调料：葱椒泥50克，香油50克。

制作方法：

（1）将杏鲍菇洗净，削去老根外部，投入卤水锅（熟五花肉1000克、食盐、味精、料酒、生抽、香叶、葱、姜、花椒、八角、鸡汁、卤水）内大火烧开，小火卤制约2小时，捞出晾凉。

（2）将杏鲍菇顶刀切成圆片，加入葱椒泥、香油拌匀装在盘内。

特点：

此菜色泽微黄，清爽利口，具有葱椒风味，是下酒佳肴。

制作要领：

（1）杏鲍菇洗净，削去老根部分。

（2）卤煮时掌握好卤水的口味，不要口味过重，也不要淡而无味。

（3）葱椒泥的用料是葱白500克，去皮生姜500克，花椒150克，用料酒泡软。其制作过程：葱切末，泡软的花椒剁成末，三末合在一起，用刀背砸成泥状，即成葱椒泥。

6．长寿菜拌三叶香

三叶香，豆科，三叶草属。原产小亚细亚南部和欧洲东南部，我国淮河以南也有栽培。它性凉、味辛，一年四季常作凉菜用于餐桌上，如虫草花拌三叶香、杏仁拌三叶香、核桃仁拌三叶香等。

主料：三叶香250克。

配料：长寿菜25克。

调料：食盐3克，蒜泥30克，香醋30克，香油10克。

制作方法：

（1）将三叶香择洗干净，控干水分放小盆内。

（2）长寿菜用开水焯一下淘凉，放三叶香盆内，将食盐、蒜泥、香醋、香油放入三叶香盆内拌匀，装盘即成。

特点：

此菜清鲜爽口，是下酒佳肴。

制作要领：

（1）三叶香择洗干净，控干水分。

（2）调味不能早，现食现拌最佳。

7. 香椿拌豆腐

豆腐，在我国已有两千多年的历史，深受人民的喜爱。它具有高蛋白、低脂肪、降血压、降血脂、降胆固醇的功效，是热凉均可、老少皆宜、养生摄生、延年益寿的美食。中医理论认为：豆腐性平味甘，具有清热润肺、止咳清痰、养胃、解毒、止汗的功效。

主料：豆腐350克。

配料：香椿叶50克。

作料：食盐3克，味精1克，香油30克，姜末2克。

制作方法：

（1）将香椿叶洗净，放开水内焯一下，淘凉，挤干水分，用刀切成末状。

（2）豆腐切成丁状，放开水内煮透晾凉。

（3）将香椿叶、豆腐放盆内，加入姜末、食盐、味精、香油拌匀，装入盘内即成。

特点：

此菜颜色绿白分明，软嫩爽口，香椿风味浓郁。

制作要领：

（1）香椿叶焯水后淘凉，切时不宜太碎。

（2）豆腐焯水后最好放在原水内晾凉，防止结块。

（3）此菜最好现拌现食。

8. 海米拌蒜苗

蒜苗，味辛性温，具有宽胸理气、通阳散结、补虚调中的功效。它不仅含有大量的维生素C以及蛋白质、胡萝卜素等，还有较强的杀菌能力。

主料：蒜苗400克。

配料：海米50克。

调料：姜末10克，食盐4克，香油20克，味精2克。

制作方法：

（1）将海米淘洗干净，加入开水适量，上笼蒸20分钟取出，控干水分。

（2）蒜苗洗净，放开水锅内焯至断生捞出，撒少许食盐拌匀晾凉，放墩子上比齐，切成5厘米长的段，码成马鞍桥形装在盘内，放上海米及姜末，上桌时外带料汁（料汁由盐、香油、味精兑成），由服务员将汁浇在蒜苗上。

特点：

此菜脆嫩爽口，是下酒佳肴。

制作要领：

（1）蒜苗不宜过粗，以筷子粗为佳。

（2）焯水时不宜过火，以断生为佳。

（3）装盘时要整齐，彰显菜品精细。

9．菊花红皮小萝卜

红皮小萝卜是萝卜的一种，有着明亮颜色，含有多种对消化有帮助的元素，如钾元素、叶酸、抗氧化成分和硫化合物。小红萝卜清脆爽口，最宜生食。

主料：小红萝卜350克。

配料：小米椒25克。

调料：鱼露30克，野山椒水75克。

制作方法：

（1）将小红萝卜洗净，去根，用交叉十字花刀剞成菊花状，放在矿泉水中泡制涨开。

（2）小米椒洗净去柄。

（3）取凉开水50克，放入盛器内，加入鱼露、野山椒水、小米椒，调好口味，放入菊花状的小红萝卜，浸渍2小时后装盘。

特点：

此菜形似菊花，清爽可口。

制作要领：

（1）小红萝卜要大小一致。

（2）剞花刀时不仅刀口要一致，而且要达到一定的深度。

（3）浸泡时间要足。

（4）装盘要有艺术性。

10. 青皮萝卜蘸酱

青皮萝卜，性凉、味甘、质脆，具有清热生津、凉血止血、消食化痰之功效。它对胆结石、尿结石、高血压、高血脂、动脉硬化、肠炎、便秘患者有一定的食疗作用。胡萝卜素是一种强抗氧剂，起到保护人体细胞不受自由基损害的作用。

主料：青皮萝卜400克，红樱桃4个。

调料：炒黄酱75克。

制作方法：

（1）将青皮萝卜洗净，切去头部及根部，将皮轻轻削一层，切成4厘米长的段，顺长切成0.5厘米的厚片，再顺长切成5厘米的长条状，用凉水淘一下，控干水分，码在长条盘中间，两端各放2个红樱桃。

（2）将炒黄酱装在小碗内，上桌时一起带上。

特点：

此菜爽脆可口，是下酒佳肴。

制作要领：

（1）青皮萝卜要用新鲜的，否则影响口感。

（2）切萝卜条时要均匀，装盘才会整齐好看。

11. 果藕

藕，又称莲菜，性寒味甘，可以生食，具有健脾开胃、止血散瘀、收缩血管、生津止渴、清热润肺、增进食欲的功效。藕富含铁、钙等微量元素，是人们较喜爱的食材。

主料：花下藕400克。

配料：果脯10克。

调料：白糖100克，橙汁75克。

制作方法：

（1）将花下藕洗净，切去关节，削净外皮，顶刀切成薄片，放凉水内泡去粉，反复三次，待没有藕粉时捞出，控干水分，装盘。

（2）果脯用刀剁成碎粒撒在藕片上。

（3）将白糖、橙汁分别放在小碗内，上桌时外带蘸食。

特点：

此菜爽口无渣，是时令名菜。

制作要领：

（1）此菜为时令菜肴，必须使用花下嫩藕。

（2）切片宜薄宜匀，要用凉水反复泡除净藕粉。

（3）食用时白糖也可以撒在边上。

12. 麻仁茄鳝

茄子，又称落苏、昆仑瓜、紫瓜等，性凉味甘、无毒。茄子的种类很多，形态各异，色泽有紫、有白、又有青，是人们饮食生活中最常见食材之一，适应多种烹调方法的制作。

主料：紫皮长茄子400克。

配料：干淀粉50克，去皮熟芝麻25克。

调料：食盐3克，酱油2克，白糖30克，柠檬汁15克，五香粉2克，香油10克，植物油1200克（约耗50克），清水50克。

制作方法：

（1）将茄子洗净、去柄，切成5厘米长的段，将茄子除去内心，顺长切成宽条状，拌上干淀粉。

（2）锅放火上，添入植物油，将茄子下入五成热的油锅中炸至酥脆捞出沥去油分。

（3）锅重新放火上，添入清水，加入调料，小火熬浓，倒入炸好的紫皮长茄子，翻拌均匀，撒上去皮熟芝麻，淋上香油即可装盘。

特点：

此菜酥脆香甜，形似脆鳝。

制作要领：

（1）选用紫皮长茄子，除去内心。

（2）淀粉要拌均匀。

（3）炸时油温不宜过低，保证茄条酥脆。

（4）调味料要恰当，熬浓后再放入茄条翻拌。

13. 芥蓝炝香菇仔

香菇，性凉味甘，味道鲜美，香气怡人，营养丰富，素有"植物皇后"之誉，为"山珍"之一。香菇具有高蛋白、低脂肪、含有多种氨基酸和多种维生素的营养特点。由于香菇富含谷氨酸、伞菌氨酸、口蘑酸及鹅氨酸等，故味道特别鲜美。

主料：芥蓝200克，香菇200克。

配料：姜米10克。

调料：食盐4克，味精2克，料酒15克，植物油500克（约耗25克），香油10克，鲜汤。

制作方法：

（1）将芥蓝洗净，削去外皮，切成4厘米长的筷子条状。

（2）香菇洗净，添入鲜汤上笼蒸1小时取出去柄。

（3）锅放火上，添入清水500克，烧沸后，加入食盐、植物油少许，放入芥蓝焯一下水捞出，投入冰水中透凉捞出，控干水分，整齐地码入盘中。

（4）锅放火上，添入植物油，烧至油热五成，下入香菇炸一下，起锅滗油，香菇再用开水氽一下，除去油分，放小盆内，加入姜米、食盐、味精、料酒、香油拌匀，黑面朝上，整齐的码在排好的芥蓝上，余汁倒上即成。

特点：

此菜脆嫩爽口，是下酒佳肴。

制作要领：

（1）芥蓝焯水后用冰水淘凉，芥蓝更脆。

（2）香菇蒸烂，个头宜小。

14．同根生

豆腐皮，又称豆腐衣，经整理加工，成为腐竹。其性凉味甘，含有人体必需的多种氨基酸，具有益中气、和脾胃、健脾、利湿、清肺等功效，对营养不良、消化能力差、糖尿病、高血压、高胆固醇、肥胖病、心血管硬化等症，有一定的食疗作用。腐竹与豆腐干同入一菜，故名同根生。

主料：豆腐干150克，水腐竹200克。

配料：红绿辣椒丝5克，姜米5克。

调料：食盐3克，味精2克，料酒10克，生抽10克，鲜汤50克，香油15克。

制作方法：

（1）将豆腐干顺长切成1厘米厚的长片状，用食盐、味精、料酒、生抽、香油拌匀，摆放在盘的一周。

（2）水腐竹放开水内焯一下，用凉开水淘凉，放墩子上，用刀切成粗丝状，再切成4厘米长的条状，放小盆内，加入食盐、味精、料酒、鲜汤、香料、姜米拌匀，放在摆好的豆腐干中间，上撒红绿辣椒丝即成。

特点：

此菜鲜香可口，是下酒佳肴。

制作要领：

（1）选用朱仙镇豆腐干，切时薄厚要一致。

（2）水腐竹以广竹为首选。

15．桂花冬瓜

冬瓜，人们饮食生活的常见食材，不仅具有美味的口感，富含丰富的蛋白质、碳水化合物、维生素以及矿物质元素等营养成分，还具有很高的药用价值。《神农本草经》记载："冬瓜性微寒味甘淡无毒，入肺、大小肠、膀胱三经。它能清肺热化痰，有清胃、消除水肿之功效"。

主料：冬瓜400克。

配料：红樱桃1个。

调料：食盐3克，蜂蜜100克，桂花酱10克。

制作方法：

（1）将去皮冬瓜用刀切成4厘米长、2厘米宽、1.2厘米厚的菱形块，放入小盆内，加食盐腌渍30分钟，投入沸水锅中氽烫捞出，放在冰水中冰镇，捞出控干水分，放小盆内，加入蜂蜜、桂花酱拌匀，浸渍20分钟，取出装盘。

（2）将红樱桃放在冬瓜上即成。

特点：

此菜冬瓜脆甜，桂花飘香。

制作要领：

（1）冬瓜块不宜过大。

（2）焯水时间不宜过长。

（3）用蜂蜜浸制时间不宜太短。

16．红枣炝百合

红枣，性温味甘，具有健脾益胃、补中益气、养血安神、增加食欲、止泻等功效。百合叶片紧紧抱在一起，故得名"百合"，其肉质细嫩，洁白如玉，甘甜清香，风味别致。它不仅具有良好的营养滋补作用，还对秋季气候干燥引起的多种季节疾病有一定的防治作用。

主料：无核红枣150克，鲜百合150克。

调料：椰蓉酱50克。

制作方法：

（1）将无核红枣用水洗净，泡软，上笼蒸透。

（2）鲜百合清理干净，入冰水浸泡30分钟，捞出控干水分。

（3）将蒸透的无核红枣码在盘的外围。

（4）将鲜百合放入小盆内，加椰蓉酱拌匀，堆放在盘的中间。

特点：

此菜百合脆甜，食法别具一格。

制作要领：

（1）无核红枣泡软蒸透。

（2）鲜百合清理后要放在水中泡，食前放在冰水中冰镇食用效果更好。

17．咖喱茭白

茭白，古人称为"菰"，在唐代以前，为六谷"稌、黍、稷、粱、麦、菰"之一。茭白性凉味甘，以丰富的营养价值被誉为"水中参"，其质地鲜嫩，被视为蔬菜中的佳品。它具有祛热、生津、止渴、利尿、除湿、补虚健体以及美容减肥之功效。

主料：茭白600克。

配料：红樱桃1个，炝黄瓜皮1片。

调料：食盐3克，咖喱粉15克，黄咖喱酱10克，白糖30克，味精2克，葱油5克，香油5克。

制作方法：

（1）将茭白洗净削皮，用刀切成长4厘米的菱形块，入油锅内炸一下捞出滗油。

（2）锅重新放火上，加入葱油，放入咖喱粉略炒，加入适量的清水，放入炸过的茭白及调料，烧至入味起锅。

（3）取汤盘1个，将茭白整齐地码放在盘中，红樱桃、炝黄瓜皮略加点缀。

特点：

此菜色泽金黄，茭白鲜嫩，味香稍辣。

制作要领：

（1）茭白块不宜过大。

（2）炒咖喱粉时不宜过长。

18．酒渍圣女果

圣女果，又称珍珠小番茄、樱桃小番茄，在国外又有"小金果""爱情果"之称。它既可作为蔬菜也可作为水果，不仅色泽艳丽、形态美观，而且味道适口。圣女果除了含有番茄所有的营养成分外，其维生素含量是普通番茄的1.7倍，被联合国粮农组织列为优先推广的"四大水果"之一。

主料：圣女果400克。

配料：小金橘1个，西芹片50克。

调料：石库门酒100克，青柠汁25克，蜂蜜50克，桂花酱10克。

制作方法：

（1）将所有调料（石库门酒、青柠汁、蜂蜜、桂花酱）兑在一起。

（2）将圣女果洗净，放入沸水锅中氽烫一下，去净外皮，放入调味汁中浸泡24小时取出装盘，用小金橘、西芹片略加点缀即成。

特点：

此菜酒香浓郁，酸甜可口。

制作要领：

（1）圣女果大小要一致，装盘才美观。

（2）氽烫时水要沸，外皮才好去。

（3）调料汁浸泡时间不宜过短，否则不入味。

19．蒜苗拌黑干丝

蒜苗，性温味辣，富含多种营养成分，不仅具有醒脾气，消积食的作用，而且还有杀菌、抑菌作用，对预防疾病有一定的防治作用。豆腐干营养丰富，含有大量蛋白质、脂肪、碳水化合物，还含有钙、磷、铁等多种人体所需要的矿物质。

主料：嫩蒜苗300克，黑豆腐干150克。

配料：红辣椒丝5克。

调料：食盐4克，味精1克，料酒10克，姜汁10克，鲜汤10克，香油10克。

制作方法：

（1）将蒜苗择净，放开水锅内焯一下捞出，控干水分，撒点食盐，淋点香油拌匀晾凉。

（2）黑豆腐干用开水烫一下，控干水分，中间片开，切成细丝放小盆内，加入调料拌匀，装在蒜苗中间，上放红辣椒丝即成。

特点：

此菜脆嫩爽口，是下酒佳肴。

制作要领：

（1）蒜苗要选用筷子粗细长短，不宜过细过大。

（2）蒜苗焯水时要断生，但不宜过烂。

（3）黑豆腐干切成火柴棒粗细为佳。

20．蒜苗口水茄子

茄子，又称矮瓜、昆仑瓜，性凉味甘，是人们饮食生活中最常见的一种食材，它具有清热止血、消肿止痛的作用，对发热、便秘、坏血病、高血压、动脉硬化、眼底出血有一定的食疗作用。虚寒腹泻者禁食。

主料：茄子300克。

配料：蒜苗100克。

调料：豆瓣酱，豆豉，芝麻酱，花生酱，生抽，柠檬汁，白糖，香醋，味精，料酒，葱、姜末，香油，十三香粉，胡椒粉，红油，食盐。

制作方法：

（1）口水汁料的制法：锅放火上，添入香油，下入葱、姜末、豆瓣酱、豆豉炸一下，添入水，下入所有调料烧沸，倒出。

（2）将蒜苗择洗干净，放开水锅内焯熟淘凉，用刀切成5厘米长的段，码在盘的一端。

（3）茄子洗净去柄削皮，顺长切成长块状，上笼蒸熟晾凉改刀，放在盘内，浇上口水汁料即成。

特点：

此菜色泽鲜艳，是下酒佳肴。

制作要领：

（1）蒜苗要用嫩、细状的，否则影响菜品美观。

（2）茄子去皮，顺长切，蒸熟晾凉后装盘。

（3）口水汁料要根据食客需求进行调味。

21．瑶柱鲜芦笋

芦笋，又称石刁柏、芦尖、龙须菜等。性温味甘，质地鲜嫩，营养丰富，是一种名贵蔬菜，膳食纤维柔软可口，能增进食欲，帮助消化，富含多种营养成分。芦笋与瑶柱成菜，是一种妙配美食,不仅色泽鲜艳,口味清鲜,而且脆嫩爽口。

主料:嫩芦笋300克。

配料:干瑶柱50克,姜米3克。

调料:食盐3克,味精1克,料酒10克,香油5克,鲜汤10克。

制作方法:

(1)将嫩芦笋洗净,放开水锅内焯熟捞出,用冰水淘凉,用刀切成4厘米长的段状,加入食盐、味精、料酒、香油、姜米、鲜汤拌匀,整齐地码在盘上。

(2)干瑶柱去筋,加入鲜汤适量,上笼蒸透取出,用手搓成丝,加调料略拌放在嫩芦笋上即成。

特点:

此菜色泽鲜艳,脆嫩爽口。

制作要领:

(1)嫩芦笋大小要一致,以细小为佳。

(2)焯水要适度,不宜过火。

(3)调味宜淡不宜重。

22. 油浸黄瓜

黄瓜,又名胡瓜、青瓜等。一年生草本植物,已有两千多年栽培历史。黄瓜食用价值大,生、熟、腌、酱均可,是我国主要食用蔬菜之一。黄瓜性味甘、寒、无毒,营养丰富。它含糖类、蛋白质、维生素B_1、维生素B_2,其蒂多苦味,主要成分为葫芦素,而葫芦素具有抗肿瘤作用。黄瓜适应多种方法的制作。

主料:黄瓜500克。

配料:水香菇丝25克,辣椒丝25克,葱姜丝10克。

调料:白糖50克,香醋50克,香油50克,食盐4克,花椒3粒,花生油适量。

制作方法:

(1)将黄瓜洗净,先倾斜切黄瓜4/5,翻面再直切4/5,放盆内,加入食盐腌一下,平放在笊篱内备用。

(2)锅内添花生油,油烧至七成热,用勺舀花生油往黄瓜上浇,浇至黄瓜呈碧绿色沥油,装在盘内。

(3)锅内添入香油,先将花椒下锅炸一下捞出,下入配料(水香菇丝、辣椒丝、葱姜丝）、调料（白糖、香醋、食盐）炒成汁，盛在黄瓜上，即成。

特点：

此菜色形美观，脆鲜不腻，酸、甜、辣、麻、咸五味俱全。

制作要领：

切黄瓜要注重刀工。

23．盐水毛豆

毛豆是大豆的嫩粒荚果，属豆科植物，以东北产量最多。毛豆富含蛋白质、脂肪、碳水化合物、胡萝卜素、维生素B_1、维生素B_2等营养物质。中医认为：毛豆性味甘平，具有健脾中、润燥消水等功效。

主料：嫩毛豆荚350克。

配料：葱段、姜片各10克，花椒50克。

调料：食盐8克。

制作方法：

（1）将嫩毛豆荚用双手搓去外边的茸毛洗净，用剪刀剪去两端的尖部。

（2）锅放火上，添入清水500克，下入葱段、姜片、花椒、嫩毛豆荚，大火烧开，小火煮制，嫩毛豆荚基本成熟时下入食盐起锅离火泡制入味，拣出葱段、姜片、花椒。

（3）将嫩毛豆荚装在盛器内上桌即可食用。

特点：

此菜脆嫩爽口，是下酒佳肴。

制作要领：

（1）毛豆荚要嫩、要鲜。

（2）搓净茸毛，剪去两端的尖部。

（3）煮制时间恰到好处，不宜过生。

24．拌全菜

拌全菜是长垣民间风味菜，因所拌菜品原料多样，故称全菜。又因拌全菜清爽可口，特别是夏季更受人们的喜欢。

主料：嫩菠菜50克，胡萝卜细丝50克，绿豆芽50克，炸豆腐干丝50克，干粉条50克。

调料：食盐5克，香醋25克，蒜泥25克，香油25克，芥末泥15克。

制作方法：

（1）干粉条先用凉水洗一下放开水锅内煮至完全回软捞出淘凉。

（2）绿豆芽、胡萝卜细丝、嫩菠菜放开水内焯至断生，捞出淘凉与炸豆腐干丝、粉条放在小盆内。

（3）将所用调料（食盐、香醋、蒜泥、香油、芥末泥）兑成汁浇在所拌原料上，用筷子抄拌均匀装在盘内即成。

特点：

此菜酸辣爽口，是下酒佳肴。

制作要领：

（1）粉条的软筋程度要煮至恰到好处不能欠火也不宜过火。

（2）调味时要突出酸、辣、香、爽。

25．挤辣包菜

包菜，也称洋白菜、包菜心、结球甘蓝等。它性平味甘，是人们常食用的蔬菜之一。包菜的吃法也很多，可泡、可炒、可拌、可炝等，可热食、可凉食，素荤相配。

主料：包菜500克。

配料：葱丝、姜丝、干辣椒丝各10克，香菇丝、火腿丝各15克。

调料：食盐5克，酱油3克，味精1克，料酒15克，白糖25克，香醋25克，花椒油50克，鲜汤75克。

制作方法：

（1）将包菜去根洗净，切成细丝，放开水内焯一下捞出挤干水分，放入小盆内。

（2）锅放火上，添入花椒油，油烧至五成热，将五种丝（葱丝、姜丝、干辣椒丝、香菇丝、火腿丝）下锅煸炒，兑入鲜汤，下入调料，汁炒浓后倒入包菜丝内，用筷子抄拌均匀装盘内即成。

特点：

此菜色泽红润，口味辣香，是下酒佳肴。

制作要领：

（1）包菜丝切得宜细不宜宽。

（2）焯水宜轻不宜重。

（3）挤水时水分要挤干。

（4）炒汁要炒浓。

二、荤菜制作技艺

1. 椒盐河虾

河虾,广泛分布于我国江河、湖泊、水库和池塘中。它肉质细嫩、味道鲜美,是高蛋白低脂肪的水产品,颇得食者青睐。河虾体内很重要的一种物质就是虾青素,是目前最强的一种抗氧化剂,颜色越深,虾青素含量越高。

主料:河虾350克。

配料:鸡蛋1个,面粉75克。

调料:食盐3克,花椒盐3克,植物油1250克(约耗50克)。

制作方法:

(1)将河虾洗净,控干水分。

(2)鸡蛋破壳放入盆内,加入食盐搅匀,放入洗净的河虾搅匀,再放入面粉拌匀。

(3)锅放火上,添入植物油,油烧至五成热,将河虾逐个用筷子拨入锅内,河虾炸制酥焦时捞出控油,装在盘内,上撒或外带花椒盐即可。

特点:

此菜色泽红黄,酥焦可口,椒盐风味。

制作要领:

(1)河虾挂糊不宜过多。

(2)炸时火力不宜过大。

(3)达到酥焦香。

2. 干煸蚕蛹

蚕蛹,含有丰富的蛋白质和多种氨基酸,有七个蚕蛹一个蛋的说法。蚕蛹是体弱、病后、老人及产妇的高级营养补品。蚕蛹对机体糖和脂肪代谢能起到一定的调节作用。

主料:蚕蛹350克。

调料:葱段、姜片各25克,食盐5克,调和油150克(约耗40克)。

制作方法:

(1)将蚕蛹洗净后放入锅内,添入清水,下入葱段、姜片、食盐煮熟,倒在汤盆内泡2小时,控干水分,拣出葱段、姜片。

(2)将锅放火上,烧热,下入蚕蛹煸出蚕蛹本身的水分。锅内放调和油,继续煸炒,至抻腰发出响声后控油装入盘中。

特点：

此菜色泽紫红，脆香可口。

制作要领：

（1）蚕蛹要洗净。

（2）煮制时要煮熟泡入味。

（3）先干煸除水分，再下油煸炒。

（4）煸炒时火宜小，直至煸炒脆香，控油装盘。

3．厨乡套肠

猪肠，味甘性寒，具有润燥、补虚止渴止血之功效。厨乡套肠因加工精致卤味恰当，在长垣是一道较为出名的菜肴，可单独食用，也可与白菜、菠菜、黄瓜等拌食。

主料：猪大肠、小肠10千克。

调料：老卤汤适量，食盐150克，香醋20克，料包（花椒、小茴香、八角、白芷、良姜、丁香、桂皮、千里香、草果、香叶、肉蔻、草蔻、陈皮、白蔻）。

制作方法：

（1）将大小肠翻过面用食盐、香醋反复翻洗几次至洗净，然后将小肠装进大肠内，装紧装实，放开水内汆透捞出。

（2）老卤汤放火上烧开，下入料包、食盐和汆透的套肠，大火烧开，小火卤制并不断地将肠用竹扦扎放气，约4小时捞出，晾凉。顶刀切片或块，装在盘内，上桌时外带蒜泥、香醋、香油汁。

特点：

此菜爽口不腻，是下酒佳肴。热食也具有一番风味。

制作要领：

（1）洗肠时先将肠外的油撕净，翻过面，再用食盐、香醋摭，待浓稠时用清水洗净，反复三次。

（2）小肠套大肠时要装实。

（3）卤制时间宜长不宜短。

4．普通卷尖

普通卷尖，长垣厨乡历史名菜，由猪腿肉、鸡蛋、淀粉等原料加工而成。猪腿肉，味甘性平，含有丰富的蛋白质及矿物元素等营养成分。它具有补虚强身、滋阴润燥、丰肌泽肤的作用。普通卷尖是人们喜爱的一道美食，餐桌上常以冷菜上桌。

主料：瘦猪肉500肉。

配料：粉芡100克，葱姜末50克，鸡蛋3个。

调料：食盐5克，酱油25克，味精1克，料酒5克，十三香5克，香油10克，蒜泥，香醋。

制作方法：

（1）将瘦猪肉用刀剁碎，加入鸡蛋1个、粉芡90克、葱姜末、酱油、味精、食盐、料酒、十三香、凉水，用手搅拌上劲。

（2）取鸡蛋1个破壳放入碗内，加入粉芡5克，盐少许用筷子搅匀，在炒锅内摊1张鸡蛋皮，一切两开。

（3）取鸡蛋1个，破壳放入碗内，加入粉芡5克用筷子搅匀。

（4）取鸡蛋皮齐边朝里，将肉馅分别放在鸡蛋皮上，外边抹上蛋液，从一端起卷成卷，放在抹油的平盘上，上笼用小火蒸制，约40分钟下笼，上边盖净布，用墩子压实，晾凉切片装盘，上桌时外带蒜泥、香醋、香油。

特点：

此菜口味鲜咸，是下酒佳肴。

制作要领：

（1）剁瘦猪肉时，瘦猪肉剁得不宜过细。

（2）搅拌肉馅要上劲。

（3）蒸制时用小火。

（4）下笼后要用墩子压实、晾凉。

5．芥末拌肚丝

猪肚，味甘，性温。猪肚含有蛋白质、脂肪、碳水化合物、维生素及钙、磷、铁等，具有补虚损、健脾胃的功效，适应于血气虚损、身体虚弱者食用。芥末拌肚丝深受食客喜爱。

主料：熟白肚350克。

配料：葱白50克。

调料：食盐4克，香醋25克，芥末糊25克，香油5克（将调料兑成汁）。

制作方法：

（1）将熟白肚先用刀冲开，切成4厘米宽的大片，再用刀将熟白肚片成薄片，以上片完后，切成细丝，放小盆内，加入调料汁拌匀装盘。

（2）葱白切成细丝放在熟白肚丝上边即成。

特点：

此菜酸辣爽口，是下酒佳肴。

制作要领：

（1）要使用熟白肚（没有盐味的熟肚）。

（2）切丝时宜细不宜粗。

（3）使用芥末糊时要根据人的口味需要而定。

6. 酒醉罗汉穿凤翅

鸡翅是人们饮食生活中常吃食物，富含多种营养物质，以炸、卤、蒸、炖、烧、扒最为常见。此菜以罗汉笋和翅中为原料，经初步加工后采用醉汁浸泡的方法成菜，更受人们青睐。

主料：鸡翅中500克。

配料：罗汉笋150克。

调料：醉鸡料汁（女儿红75克，冷鸡汤50克，食盐3克，味精2克，料酒15克，姜片10克，葱白段20克，香叶2克）。

制作方法：

（1）将罗汉笋焯水、烧透、冲凉用刀切成4厘米长的段。

（2）鸡翅中截去两头骨节，焯水后洗去血污，加点汤上笼蒸熟，晾凉后抽出翅骨，将罗汉笋穿入鸡翅中，放小盆内。

（3）将醉鸡料汁调匀，倒入鸡翅中浸泡，约12小时浸透装盘。

特点：

此菜脆嫩爽口，是下酒佳肴。

制作要领：

（1）鸡翅中宜蒸熟，不宜煮制。

（2）翅骨宜凉出，不宜热出。

（3）浸泡时间要足，短者不入味。

7. 西芹鱼片

西芹鱼片，由黑花鱼与西芹等原料合制而成。黑花鱼，又称生鱼，性寒味甘，为淡水名贵鱼类。有"鱼中珍品"之称，是一种营养全面、肉味鲜美的高级保健品，一向被视为病后康复和老幼体虚者的滋补珍品。黑花鱼具有补心、养阴、解毒去热、补脾利水、祛瘀生新等功效。

主料：黑花鱼肉250克。

配料：嫩西芹100克。

调料：食盐3克，味精1克，红椒丝5克，姜米3克，干淀粉15克，料酒10克，鲜汤25克，香油10克。

制作方法：

（1）将嫩西芹抽筋洗净，用刀片成长薄片，放开水内焯一下捞出晾凉，放小盆内，加入食盐1克、香油2克、味精、料酒拌一下，码在盘的外围成环状。

（2）将黑花鱼肉用刀片成厚皮状，放入凉水内泡去血污，捞出控干水分，拌上干淀粉，放入开水锅内滑熟捞出，放在凉开水内淘凉，控干水分，放小盆内，加入姜米及调料拌匀，码在嫩西芹环内，上放红椒丝即成。

特点：

此菜脆嫩爽口，是夏季佳肴。

制作要领：

（1）嫩西芹片不宜过厚过长，否则影响装盘美观。

（2）黑花鱼片不宜太薄，否则容易碎。

（3）调味要突出姜的辣味。

8．盐水蛏子

蛏子，学名缢蛏，性寒、味甘咸，属软体动物，生活在海洋中，常见海鲜食材，具有补阴、清热、除烦之功效。每到夏季，人们都喜欢品尝。盐水蛏子，又名咸菜卤煮蛏子，最早始于浙江宁波地区，现在流行全国各地。

主料：蛏子500克。

配料：葱段25克，姜片25克。

调料：食盐2克，味精1克，料酒15克，胡椒粉1克，香醋25克，咸菜卤75克（腌雪里蕻的盐水）。

制作方法：

（1）将蛏子去除泥垢，用清水洗净，放入盐水中浸泡2小时，至蛏子中的泥沙排出后，再捞出用清水洗净。

（2）炒锅上火，放入咸菜卤、清水、葱段、姜片、料酒、盐、蛏子，待烧滚后再稍煮片刻，见蛏子挺起，肉质成熟即放味精，用漏勺捞起装盘，锅中卤倒入碗内稍停片刻，将清卤倒入盛蛏子的盘中撒上胡椒粉，外带香醋供蘸食。

（3）食用时，将蛏子剥开去除附在蛏子肉上的两根黑线状的肠子。

特点：

此菜蛏肉结实鲜嫩，卤汁香浓，鲜咸适口。

制作要领：

蛏子要洗净，加热断生为度。

9．酱瓜鸡

酱瓜鸡是一道传统凉酱菜。它由去皮花生米、酱瓜、鸡腿肉合制而成，酱红的颜色，脆嫩爽口的质感，回味无穷的香味，给人以食欲感，再加上有少量的辣椒调味，真是美不胜收。它作为御宴的凉菜，常用于宫廷宴席之中。

主料：鸡腿肉500克，花生米1000克，酱瓜250克。

配料：葱段、姜片、干红辣椒各50克。

调料：食盐适量，甜面酱100克，酱油25克，清油10克，花椒25克，鲜汤500克。

制作方法：

（1）将去皮花生米淘洗干净用凉水泡一下，放开水锅内煮熟捞出，控干水分备用。

（2）鸡腿肉先切成指头条状，再切成筛子丁状，酱瓜洗净略泡一下切成丁状。

（3）锅放火上，添入清油，下入花椒25克炸一下捞出，随后下入葱、姜、干辣椒煸炒，依次投入鸡腿肉、酱油煸炒，待鸡腿肉煸散发干时，倒入去皮的花生米、酱瓜、鲜汤及调料，用大火烧开，小火收汁，待汁基本收尽时，色泽棕红，起锅倒在盆内。用筷子拣出葱段、姜片、干红辣椒，晾凉食用。

特点：

此菜酱香微辣，是下酒、佐餐佳肴。

制作要领：

（1）花生米一定要去红皮煮熟，酱好才透明。

（2）鸡腿肉煸炒时要煸干。

（3）面酱调色调味要恰到好处。

10．盐水虾

盐水虾在入味卤制过程中，不加酱油之类的有色调味品，其卤汁如盐水一样清澈，故称盐水虾。盐水虾在菜品的应用上多以冷菜为主。它以河青虾为原料，经过焯水，再入锅卤制后，以独盘或拼盘上桌。红润的色泽，鲜香的味道，质感爽口的虾肉，历来被视为一道美食。

主料：鲜虾500克。

配料：葱段、姜片各15克，花椒5克。

调料：食盐6克，醋、姜米少许，料酒10克。

制作方法：

（1）将鲜虾洗净，从鲜虾眼前边将虾须、虾腿剪掉，放在开水中汆一下捞出，葱、姜同花椒放在一起。

（2）锅放火上添水适量，加入葱、姜、花椒、食盐、料酒，水沸后将鲜虾放入，水再沸时倒出；晾凉装盘浇上原汁，即可食用。上桌时，外带姜米、醋汁。

特点：

此菜嫩鲜可口，是佐酒佳肴。

制作要领：

煮虾要掌握好火候。

11．炝鱼鳃腰片

炝鱼鳃腰片，以猪腰子为原料。猪腰子，性平味咸，色泽红亮，质感脆嫩，是常见的烹饪食材之一。它具有补肾强身的功效，对肾虚腰痛、肾虚遗精、小便不利、身面水肿、老人耳聋等症有一定的食疗作用。

主料：猪腰子4个。

配料：黄瓜片50克，牛毛姜丝5克。

调料：食盐5克，味精2克，料酒10克，葱椒泥5克，鲜汤20克，香油20克。

制作方法：

（1）将猪腰子除净腰臊后放凉水中洗一下，光面朝上放墩子上。

（2）顺长划上花纹，深度为7/10。

（3）调头片成薄片，每3刀片下，依此片完。

（4）放在开水内过一下捞出，用凉开水淘凉，放入盘内，浇上调料汁（食盐、味精、料酒、葱椒泥、鲜汤、香油兑成汁）即成。

特点：

此菜脆嫩爽口，是下酒佳肴。

制作要领：

（1）腰片越薄越好。

（2）过水时水要宽火要旺，出锅要快。

12．麻腐拌鱿鱼

麻腐，是在制作凉粉即将出锅时，将芝麻酱加入并搅匀，盛出晾凉冷却后即成麻腐。麻腐多为夏季时令凉菜，如麻腐拌海参、麻腐拌蹄筋、麻腐拌鱿鱼等。此菜酸辣爽口，芝麻酱风味浓郁。

主料：麻腐250克，发好的水鱿鱼250克。

配料：香菜叶2克。

调料：食盐6克，香醋40克，蒜泥20克，香油15克。

制作方法：

（1）麻腐切成坡刀片，放汤盘内。

（2）鱿鱼片成片后除净碱味放在麻腐上，浇上菜品料汁（食盐、香醋、蒜泥、香油兑成汁），放上香菜，上桌食用。

特点：

此菜酸辣爽口，是夏季佳肴。

制作要领：

（1）麻腐片不宜太厚、过大。

（2）突出酸辣香味。

13．肘花

肘花，又称砂仁肘子，长垣厨乡传统卤菜。此菜由猪前肘子去骨后用盐、花椒腌制。在捆扎肘子前用少量的砂仁面均匀地撒入肉中，将肘子捆扎后入卤锅卤制，卤熟后捞出略凉，再将肘子扎紧，直至晾凉后解包切片装盘。

主料：猪前肘650克。

调料：食盐100克，花椒16克，砂仁面20克，卤汤。

制作方法：

（1）将盐同花椒一起炒熟，猪前肘骨头剔净，花椒、食盐掺匀。猪前肘用刀划一下，平铺在案板上，撒上掺好的花椒盐，用手搓匀腌制，每天坚持揉2次，7天即可腌透。

（2）将腌好的猪前肘放盆内，去净猪毛，皮肉分离，放凉水里浸出盐味，放开水锅内氽一下，用凉水淘凉，用刀将猪前肘切成大片。皮铺在案板上，1层白肉1层红肉铺好，铺1层撒1层砂仁面。全部铺好，卷成卷，用绳子把猪前肘肉缠牢，下卤汤内卤制，待2小时后捞出紧绳，晾凉后去掉绳，切成片装盘食用。

特点：

此菜红白相间，香鲜爽口，是下酒佳肴。

制作要领：

（1）腌制肘子时，要将花椒、盐搓匀。

（2）腌肘子的时间要控制在7天，否则难以腌透。

第二节 热菜制作技艺

一、素菜制作技艺

1. 煎炒豆腐

关于豆腐的起源，历来说法很多。古代就有不同的说法，一是说孔子时代即有豆腐，二是说淮南王刘安发明的。前一种说法支持者不多，后一种说法则自宋朝以来长期流传。起源说法不一，我们有待考证。

主料：豆腐350克。

配料：焯水菠菜50克，葱、姜丝、蒜片各10克，淀粉5克。

调料：食盐3克，味精1克，料酒10克，鲜汤75克，酱油3克，清油40克，明油3克。

制作方法：

（1）将豆腐用刀切成2.5厘米长、2.5厘米宽的片状。

（2）焯水菠菜改刀，与葱、姜丝、蒜片放在一起。

（3）锅放火上，烧热，添入清油，下入豆腐煎制，待下边煎黄，再翻过面煎，两面均煎黄，下入葱、姜丝、蒜片，煸一下，将葱、姜丝、蒜片炒出香味，下入焯水菠菜、鲜汤、调料，汁沸勾入流水芡，淋入明油，装在盘内即成。

特点：

此菜质软嫩，味鲜香。

制作要领：

（1）豆腐切片时不宜太薄、太厚。

（2）煎制时锅烧热打抹光，用小火煎。

2. 豌豆苗烧内酯豆腐

内酯豆腐，又称玉豆腐，洁白晶莹、营养丰富、口感软嫩、味道鲜美、食后舒心，四季适宜，是一种久食不厌之佳品。内酯豆腐配绿色的豌豆苗和金黄色的水海米烹制成菜。菜品不仅色泽鲜艳，而且质软嫩、味清香。

主料：内酯豆腐1盒。

配料：豌豆苗50克，水海米25克，淀粉10克。

调料：食盐3克，味精1克，鲜汤50克，三味油35克。

制作方法：

（1）将内酯豆腐揭去上边薄纸带盒上笼用小火蒸透取出，合在汤盘内，切去上边一角（透空气）去盒，用刀将豆腐划成块状。

（2）锅放在火上添入三味油烧热，下入豌豆苗、水海米、鲜汤、调料（食盐、味精）、汁沸，勾入流水芡，起锅装在内酯豆腐上即成。

特点：

此菜色鲜艳，质软嫩，味清香。

制作要领：

（1）蒸豆腐时要用小火，否则易蒸出蜂窝。

（2）炒豌豆苗时要迅速，否则达不到应有的色泽与嫩度。

（3）勾芡稀稠浓度要恰当。

3. 河虾炒韭头

韭菜，也称起阳菜，性温味辛，具有温中开胃、行气活血、补肾助阳之功效。在菜品应用上，既可以作为菜肴的主料烹制成菜，也可作为菜肴的配料用于菜肴之中，最常见的是作为馅料用于风味小吃之中，如韭菜水饺、韭菜包子、韭菜灌饼等。

主料：嫩韭头350克。

配料：鲜小河虾75克。

调料：食盐2克，味精1克，葱姜丝、干红辣椒丝各5克，淀粉2克，料酒10克，花椒油35克。

制作方法：

（1）将鲜小河虾淘洗干净，控干水分，与葱姜丝、干红辣椒丝放在一起。

（2）将嫩韭头拣洗干净后，中间切一刀。

（3）锅放火上，添入花椒油烧热，放入全部配料煸炒投入嫩韭头及作料迅速翻拌均匀，勾入流水芡装在盘内即成。

特点：

此菜色碧绿，味鲜香。

制作要领：

（1）韭头以5厘米长为佳，不再改刀。

（2）鲜小河虾以小为佳。

（3）韭头炒至断生，马上出锅。

4．烧鹿茸菌

鹿茸菌，伏牛山区独有的名优土特产，主要产地为河南西峡县。鹿茸菌营养丰富，本身并无鲜味，它主要靠动物性原料提鲜。因此，鹿茸菌在加工过程中，多借鸡腿肉与猪五花肉等动物性原料的鲜味，以补充本身鲜味不足。

主料：干鹿茸菌150克。

配料：熟鸡腿1个，熟五花肉50克，葱段、姜片各15克，粉芡5克。

调料：食盐4克，味精2克，料酒10克，鲜汤150克，三味油50克，淘米水。

制作方法：

（1）将干鹿茸菌去根部用凉水淘净、开水焖软，再用淘米水洗净放入盆内，加入葱段、姜片、熟鸡腿、熟五花肉、鲜汤适量，上蒸笼1.5小时取出，拣出葱段、姜片、熟鸡腿、熟五花肉，将干鹿茸菌捞出，控干水分。

（2）锅内放三味油烧热，倒入干鹿茸菌煸炒一下，兑入鲜汤、调料烧制，待入味后，勾入流水芡，装在盘内即成。

特点：

此菜脆嫩爽口，清香味鲜。

制作要领：

（1）干鹿茸菌需去净根部并开水焖软，才能洗干净。

（2）因干鹿茸菌不具鲜味并带有苦味，故用借味的方法。

（3）烧制时也可加入少量的火腿片与玉兰片等配料。

5．霜打菠菜

菠菜，又称赤根菜，色碧绿、味清鲜，一直被人们所喜爱。菠菜经初步熟处理后可以凉拌、配菜、做汤，也可以炒食和煎食，是理想的绿色食品。霜打多指甜食，今天咱们将菠菜利用似挂霜这种外观形态，制作成咸味菜肴奉献给大家食用。

主料：鲜嫩小菠菜400克。

配料：鸡蓉蛋清糊150克，红菜椒或枸杞10克。

调料：食盐2克，味精1克，料酒10克，鲜汤50克，三味油30克，白荤油10克。

制作方法：

（1）将鲜嫩小菠菜洗干净，削根，控干水分。

（2）白荤油刷在平盘上备用。

（3）将鸡蓉蛋清糊放入盆内，加入鲜嫩菠菜拌匀，逐棵放入抹油的平盘内，上笼用旺火蒸5分钟取出，放盘内。

（4）锅放火上，添入三味油，下入红菜椒炒一下，兑入鲜汤、调料，汁沸，浇在鲜嫩小菠菜上即成。

特点：

此菜菠菜鲜嫩，形如霜打。

制作要领：

（1）菠菜以叶肥茎短嫩为佳。

（2）鸡蓉蛋清糊宜稀不宜稠，但要有劲。

（3）蒸制时蒸透为佳，不宜欠火与过火。

6．黄焖茄盒

黄焖是指烹调技法，分为锅焖和笼焖两种方法。锅焖将原料煎制或炸制后，直接加汤在锅内焖熟，直至入味软嫩。笼焖是将煎或炸的原料装碗加汤、调料，上笼蒸，直至入味软嫩，黄焖茄盒就是利用笼焖的方法所制作，因色泽金黄故称黄焖。

主料：茄子300克。

配料：猪肉馅120克。葱姜丝、蒜片各10克，鸡蛋1个，粉芡50克，面粉25克。

调料：食盐3克，味精1克，料酒5克，酱油2克，鲜汤100克，植物油1000克（约耗50克）。

制作方法：

（1）将茄子去皮切成长5厘米，宽2.5厘米，厚0.5厘米的夹状，拌好的猪肉馅均匀地酿入茄夹内。

（2）鸡蛋、粉芡、面粉制成糊，将酿好的茄夹在糊内拌匀。

（3）锅放火上，添入植物油，烧至五成热时，将茄夹逐个下锅炸制，炸成柿黄色起锅滗油。

（4）取蒸碗，内放葱姜丝、蒜片，装入茄盒，加入食盐、味精、料酒、酱油、鲜汤，上笼蒸30分钟取出，装在汤盘内即成。

特点：

此菜色泽柿红，软香可口。

制作要领：

（1）茄夹的厚度不宜太薄，酿馅不宜过多。

（2）炸时挂糊不宜太厚。

（3）蒸时要掌握好时间，不宜过短或过长。

7. 黄豆芽炒粉条

红薯粉条，性平味甘，含有大量的糖类、蛋白质及各种维生素、矿物质。在食用上，夏季一般凉拌，春、秋、冬季一般炒食、炖食是餐桌上常见食品之一。

主料：干粉条100克。

配料：黄豆芽100克，韭菜头50克，干红辣椒段20克，葱姜丝、蒜片各10克。

调料：食盐3克，料酒10克，酱油10克，鲜汤50克，花椒油50克。

制作方法：

（1）将干粉条用凉水泡软，放开水锅内煮透捞出，控干水分。

（2）黄豆芽洗净，放开水锅内煮熟捞出，控干水分。

（3）韭菜头择洗干净，切成寸段。

（4）锅放火上，添入花椒油，烧至油热后，下入葱姜丝、蒜片、干红辣椒段煸炒，炒出香味，下入煮透的干粉条、黄豆芽，加入食盐、料酒、酱油、鲜汤翻拌均匀，炒入味后，下韭菜头略加翻拌，即可出锅。

特点：

此菜色泽红润，软香可口。

制作要领：

（1）粉条以红薯粉条为佳，煮制时间不宜过长或过短。

（2）黄豆芽要先焯再炒。

（3）干辣椒段根据食客口味要求，适当加入。

（4）此菜炒好没有汤汁为宜。

8．菜心烧香菇

此菜以嫩菜心、蒸制香菇为原料，菜心色泽碧绿，脆嫩爽口，香菇富含多种营养物质，香气扑鼻，两者合烹为菜，色泽夺目，口味清香，备受食客青睐。

主料：干香菇100克，嫩菜心250克。

配料：胡萝卜25克，粉芡10克。

调料：食盐3克，味精2克，料酒10克，鲜汤100克，三味猪油50克，明油3克。

制作方法：

（1）将嫩菜心择去老叶洗净，胡萝卜经加工按在菜心根部做根。

（2）干香菇洗净放锅内氽煮一下，捞在小盒内，去柄加入适量的鲜汤，上笼蒸约2小时取出，控干水分。

（3）锅放火上，添入清水，烧沸，加入适量明油、食盐，放入菜心焯熟捞出，控干水分，根朝外，码在盘的外围。

（4）锅放火上，添入三味猪油，烧至油热后，下入干香菇略煸一下，加入调料、鲜汤，入味后勾入流水芡，起锅码在菜心中间即成。

特点：

此菜色泽鲜艳，脆嫩爽口。

制作要领：

（1）菜心使用要大小一致并根要按牢固。

（2）香菇蒸制时间宜长不宜短。

（3）装盘要整齐美观。

9．腰果炒青笋

腰果是一种营养丰富，味道香甜的干果，含有丰富的油脂，在人们食用上，常以主料、配料用于菜肴中。青笋，又称莴笋，色泽青绿，质感脆嫩。此料与腰果相配烹制成菜色泽鲜艳，脆嫩爽口。

主料：青笋300克。

配料：腰果50克。

调料：食盐3克，味精1克，淀粉10克，葱、姜、蒜末各5克，料酒5克，鲜汤25克，花椒油30克，植物油300克（约耗10克）。

制作方法：

（1）将腰果用开水氽一下，控干水分，放在四成热的油锅内炸成金黄色，捞出备用。

（2）青笋去皮切成5厘米长的段，切成相等的粗丝。

（3）锅放火上，添入清水，水沸后，下入青笋焯一下捞出，控干水分。

（4）锅放火上，添入花椒油，油热后，下葱、姜、蒜末，略加煸炒，投入主料、配料、调料，汁沸勾入流水芡装在盘内即成。

特点：

此菜脆嫩爽口。

制作要领：

（1）腰果先氽后炸，可以除去异味，便于炸制。

（2）青笋粗细要一致，以细于筷子粗细为佳。

（3）炒制时速度要快，否则青笋宜出水。

10、土芹炒白玉菇

白玉菇是一种珍稀的食用菌类，通体洁白，晶莹剔透，给人以清心悦目的视觉感受。在口感上更为优越，菇体脆嫩鲜滑、清甜可口，是菜品中的美味佳肴。白玉菇具有提高机体免疫力、降低血压的功效。

主料：鲜白玉菇400克。

配料：本土小芹菜100克，粉芡5克。

调料：食盐3克，味精1克，料酒5克，鲜汤50克，三味油40克。

制作方法：

（1）将本土小芹菜择净叶，去根洗净，切成段。

（2）鲜白玉菇去根部，淘洗干净。

（3）锅放火上添入清水，烧至水沸后将本土小芹菜、鲜白玉菇分别放入锅中焯水，淘净浮沫，控干水分。

（4）锅放火上，添入三味油烧热，下入鲜白玉菇、本土小芹菜炒制，随后加入食盐、味精、料酒、鲜汤，翻拌均匀，勾入流水芡装在盘内即成。

特点：

此菜色泽鲜艳，脆嫩爽口。

制作要领：

（1）本土小芹菜以梗细、色绿为佳。

（2）白玉菇大小要一致，以细小为佳。

（3）烹调时间宜短不宜长，保证其质感脆嫩。

11．西芹炒百合

百合，性平味甘。中医学认为：百合有清心润肺、除烦安神、化痰止咳的作用。百合含生物素、秋水仙碱等多种生物碱和营养物质，具有良好的营养滋补之功，特别是对神经衰弱症患者食用大有益处。

主料：鲜百合300克。

配料：嫩西芹100克，红菜椒10克，淀粉2克。

调料：食盐3克，味精1克，料酒5克，葱姜水10克，清油35克。

制作方法：

（1）将鲜百合逐个掰开，放凉水内淘洗干净。

（2）嫩西芹去筋切成斜刀块、红菜椒切成小象眼块。

（3）食盐、味精、料酒、葱姜水、淀粉兑成预备汁。

（4）锅放火上，添入清水烧沸，嫩西芹、鲜百合、红菜椒块分别放入开水中焯一下水，用凉水冲去浮沫。

（5）锅放火上，添入清油，烧至油热后，倒入主料、配料及兑好的调味汁，翻拌均匀，装在盘内即成。

特点：

此菜脆嫩爽口。

制作要领：

（1）选用色白肉厚的鲜百合。

（2）嫩西芹需去筋切斜刀块。

（3）焯水后要用凉水冲去浮沫。

（4）烹调要迅速，出锅要及时。

12．白果烧山药

怀山药又称铁棍山药，性温味甘、肉色洁白、质面，具有较强的滋补作用。它富含多种营养物质，是药食俱佳的珍品，历代皇室之贡品。烹调常以甜食的方法制作成菜。如：拔丝山药、琥珀山药、山药花篮等。但也可以咸味入烹，白果烧山药就是咸味菜肴的其中一种。

主料：铁棍山药400克。

配料：白果50克，淀粉10克。

调料：食盐3克，鲍鱼汁20克，料酒10克，葱姜水10克，鲜汤100克，三味油40克，植物油1000克（约耗40克），明油。

制作方法：

（1）将白果放凉水中冲洗干净，用开水焯一下备用。

（2）将铁棍山药洗净，削去外皮，上笼蒸熟取出，切成5厘米的段。

（3）锅放火上，添入植物油，烧至六成热时，将铁棍山药入油锅激炸一下起锅渲油。随将锅放火上，添入三味油，下入白果、铁棍山药、鲜汤及调料收汁烧制，待菜入味时，勾入流水芡，淋入少许明油，出锅装盘即成。

特点：

此菜色泽柿黄，鲜香可口。

制作要领：

（1）铁棍山药选用粗细一致。

（2）白果需要凉水冲洗。

（3）烧制用小火收汁入味。

13．四喜烤麸

烤麸，由生面筋经加工生成。性凉味甘，营养丰富，具有和中、解热、益气、养血、止烦渴等功效。烤麸可与荤素原料搭配，食用方法很多，以红烧做法最常见。四喜烤麸是指以香菇、冬笋、黄花菜、菜心为主要配料的制作，故称四喜烤麸。

主料：烤麸250克。

配料：水黄花菜50克，冬笋片25克，水香菇25克，菜心50克。

调料：食盐4克，酱油5克，味精2克，三味油30克，清油750克（约耗50克），鲜汤250克。

制作方法：

（1）将水黄花菜去柄端硬部改刀与冬笋片、水香菇、菜心，放盘内，烤麸用刀切成5厘米长的筷子条状。

（2）锅放火上添入清油，油至六成热将烤麸下入锅内炸成浅黄色捞出控油，锅重新放火上，添清水，下入炸过的烤麸，氽至发软捞出，控干水分。

（3）锅放火上，加入三味油，下入配料煸炒后倒入烤麸，加入鲜汤、调料，小火烧制，待汁基本收尽后装在盘内即成。

特点：

此菜色泽柿黄，软香可口。

制作要领：

（1）烤麸切条不宜过粗过长。

（2）炸与烧制时要用小火。

（3）确保色泽与软香。

14．炒凉粉

凉粉，即用绿豆淀粉或红薯淀粉，用一定比例的水烧开后，将淀粉汁下入开水锅内，下面用小火加热，上面用面杖不停地朝一个方向搅动，直至淀粉糊化变稠，色泽透亮为上，将成熟的凉粉装在盆内，晾凉后进行食用。中原人吃凉粉由来已久，宋孟元老《东京梦华录》称北宋时汴梁已有"细索凉粉"，因季节和人的爱好不同，故又有凉调凉粉和热炒凉粉之分。下面介绍炒凉粉的制作方法。

主料：凉粉400克。

配料：绿蒜苗50克。

调料：三味油35克，食盐4克，辣椒油10克。

制作方法：

（1）将凉粉用刀切成指头肚大小的块状。

（2）绿蒜苗洗净切成跟头蒜苗或马耳朵蒜苗。

（3）锅放火上，烧热打抹光，下入三味油烧热，将凉粉下入锅内煎制，边煎边将锅转动，下面煎黄，翻过面煎，两面均煎黄下入食盐、绿蒜苗，翻拌均匀，见绿蒜苗断生装在盘内。上桌时外带辣椒油。

特点：

此菜色泽浅黄，软香可口。

制作要领：

（1）打凉粉时要将水锅内加一点白矾水，凉粉发硬宜炒。

（2）在锅内煎时不要急于翻锅，待下面煎焦时再翻。

（3）绿蒜苗断生即可出锅，否则绿蒜苗失去脆嫩。

15. 黄豆肉末炒雪里蕻

雪里蕻，芥菜的腌制品，味咸性温，为一年生草本植物，秋季收获腌制而成，是一种食用价值较高的食物，含有多种对人体有益的营养元素，具有开胃消食、醒脑提神、缓解疲劳的功效。此料与黄豆、肉末配制烹制，更是锦上添花。

主料：腌雪里蕻250克。

配料：煮熟黄豆50克，五花肉50克，葱、姜、蒜末各10克。

调料：食盐1克，植物油50克，酱油2克，鲜汤25克。

制作方法：

（1）将腌雪里蕻择去老叶，放在凉水中泡出盐味洗净（以咸味适口为宜）放墩子上切成小段状。

（2）锅放火上，添入植物油，烧至油热后，下入葱、姜、蒜末炒出香味，加入五花肉末，酱油煸炒散粒状，加入煮熟黄豆、腌雪里蕻，随后略加鲜汤、食盐翻拌均匀，装在盘内即成。

特点：

此菜清香爽口。

制作要领：

（1）腌雪里蕻泡前要择去老叶，并泡至口味适度洗净。

（2）黄豆需提前煮熟并入味。

（3）煸炒五花肉末要放入少许酱油，使肉末散粒。

（4）炒制时间不宜过长，炒透即可出锅。

16. 鲜椒西蓝花

西蓝花，是甘蓝的又一变种，属十字花科，主要用于西餐。西蓝花性凉、味甘，可补肾填精、健脑壮骨、补脾和胃，主治久病体虚、肢体痿软、耳鸣健忘、脾胃虚弱、小儿发育迟缓等病症。特别是维生素C含量极高，不但有利于人的生长发育，更重要的是能提高人体免疫力、促进肝脏解毒、增强人的体质等功效。

主料：嫩西蓝花400克。

配料：葱姜丝、红辣椒丝各3克，葱、姜末各3克，鲜花椒10克。

调料：食盐2克，味精2克，料酒5克，热白芍汁30克，清油40克。

制作方法：

（1）将嫩西蓝花去茎成朵，洗净，放淡盐水中略泡（防止有虫）。

（2）锅放火上，添入清水，水沸将西蓝花焯至断生捞出，控干水分。

（3）锅放火上，添入清油20克，烧至油热后，将葱姜末、嫩西蓝花分别下锅，加入调料，翻拌均匀装在盘内。

（4）取中碗，将嫩西蓝花朝下定在碗内，扣在汤盘中，淋入热白芍汁，上放葱姜丝、红辣椒丝及鲜花椒。

（5）锅放火上，添入清油20克，烧热，浇在上面即成。

特点：

此菜颜色碧绿，脆嫩爽口。

制作要领：

（1）嫩西蓝花加工时块不宜过大或过小。

（2）焯水不宜过火。

17. 干贝烧茭白

茭白，又名茭笋、茭草、茭瓜等，属禾本科多年生宿根沼泽草本，每年夏、秋上市。茭白含有蛋白质、脂肪、糖、粗纤维和无机盐，有丰富的有机氮素，以氨基酸状态存在，从而增加了茭白的营养价值。

主料：嫩茭白400克。

配料：蒸好的干贝50克，淀粉5克。

调料：食盐5克，味精2克，料酒10克，葱姜水10克，鲜汤50克，清油35克。

制作方法：

（1）将嫩茭白洗净，削去外皮，一冲两开，切成厚柳叶片状，放开水内焯透捞出，控干水分。

（2）锅放火上，添入清油，烧至油热后，下入茭白、干贝，添入调料、鲜汤，小火烧至入味，勾入流水芡，盛在盘内即成。

特点：

此菜脆嫩鲜香。

制作要领：

（1）干贝要蒸透，并去掉腰筋。

（2）茭白要鲜，否则色不白。

（3）勾芡要恰当，装盘要美观。

18．炸笋瓜片

笋瓜，一年生草本蔬菜，以嫩果供食，主要品种有黄皮笋瓜、白皮笋瓜、白玉瓜、太谷金南瓜等。笋瓜味甘性寒、无毒，具有治哮咳的功能，笋瓜含维生素A较高，是夜盲者理想的食物。笋瓜食用方法多为炸、炒、醋熘、煎瓜饼、吊卤、做馅等。

主料：笋瓜400克。

配料：鸡蛋1个，淀粉50克，面粉75克，温水50克，皮油25克。

调料：食盐5克，花椒盐1克，清油1000克（约耗75克）

制作方法：

（1）将笋瓜洗净去瓤，用刀切成3厘米长、1厘米宽的片状备用。

（2）将鸡蛋破壳放入汤碗内，用筷子敲开，加入温水、淀粉、面粉、食盐搅成糊状，然后加入皮油搅匀。

（3）锅放火上，添入清油，烧至五成热时，将笋瓜在糊内蘸匀下入油锅内炸制，边炸边将锅内笋瓜翻动，见外部炸焦并呈柿红色时起锅沥油，笋瓜装盘，撒上或外带花椒盐即成。

特点：

此菜外焦里嫩。

制作要领：

（1）笋瓜片切得不宜太薄或太厚。

（2）炸时糊要挂均匀，并炸焦。

19．炸素丸子

炸素丸子，为民间风味小吃，因它以单种或多种素菜为原料，制成的成品风味也不太一样，但各具特色，很受食客欢迎。

主料：绿豆面250克。

配料：红白萝卜350克，黄豆芽250克。

作料：葱、姜各10克，香菜25克，五香粉3克，食盐10克，碱面2克，清油1500克（约耗150克）。

制作方法：

（1）红白萝卜洗净擦成丝，黄豆芽剁碎，香菜用刀切碎，同葱花、姜末一同倒在盆内，加入食盐、五香粉、碱面用手抄拌均匀，倒入绿豆面和成与饺子馅一样软的块状。

（2）锅放火上，添入清油，烧至五成热时，用手将丸子料挤成小核桃大小的丸子状，下油锅内炸制，边炸边用勺翻动，见丸子呈红黄色并发焦时捞出，装在盛器内，上桌时，外带蒜汁。

特点：

此菜颜色红黄，外焦里嫩，风味独特。

制作要领：

（1）萝卜丝不宜擦得过长。

（2）丸子料不宜过硬。

20．炸茄夹

茄子，又称落苏、昆仑瓜、紫瓜等。其性味甘、寒、无毒，具有散血、止痛、收敛、止血、利尿、解毒等功效，富含维生素，多食能增加微血管的抵抗能力，防止血管破裂出血的特性。

主料：茄子300克，肥瘦肉100克。

配料：鸡蛋1个，淀粉40克，面粉75克。

调料：食盐2克，酱油少许，味精0.5克，料酒2克，花椒盐2克，清油1500克（约耗50克）。

制作方法：

（1）将茄子洗净，削去外皮，一破四块，去棱切成夹状。

（2）肥瘦肉用刀剁碎放碗内，加入调料拌成馅，酿在茄夹内，外边抹光。

（3）鸡蛋破壳放碗内，加入淀粉搅匀，兑入温水、食盐、面粉，用筷子搅成酥起糊。

（4）锅放火上，添入清油，烧至五成热时，将茄夹在糊内蘸匀逐块下锅炸制，见茄夹炸成柿黄并发焦时起锅沥油。装在盘内，上撒花椒盐或外带花椒盐均可。

特点：

此菜色泽柿黄，焦香可口。

制作要领：

（1）茄夹不宜过大，过薄。

（2）酥起糊浓度要恰到好处，过稀过稠对菜肴都有影响。

21．肉米扒冬瓜

冬瓜，一年生草本植物，味甘性凉，有利水、清热、解毒作用，是人们常食用蔬菜之一。

制作方法多种多样，常把它作为主料、配料、汤料、馅料用于菜点之中，菜品成形丰富多彩，有整个使用的清蒸冬瓜鸡，有成大块状的八卦太极冬瓜，也有成夹状的清蒸冬瓜夹，还有切成蓑衣状的扒冬瓜，片、块使用最常见，冬瓜用于汤菜较多，用于琥珀甜菜更美。

主料：冬瓜600克。

配料：五花肉米50克，葱花、姜花各10克，淀粉10克。

调料：食盐6克，味精2克，料酒10克，酱油2克，鲜汤150克，清油50克。

制作方法：

（1）将冬瓜去皮用刀先切成6厘米宽、2厘米厚的片状，用刀解成蓑衣状并切成2厘米见方的条状，放开水内焯透捞出，码成马鞍桥形摆在竹制锅垫上。

（2）锅放火上，添入油，烧至油热后，下入葱花、姜花煸炒，投入五花肉米、酱油，炒散成粒，装在碗内，锅内添鲜汤，加作料，放锅垫，五花肉米倒在冬瓜上边，用盘扣住冬瓜，小火扒制，见菜熟汁浓托出冬瓜，去盖盘，扣在盘内，锅内余汁勾入流水芡，浇在冬瓜上即成。

特点：

此菜软香可口。

制作要领：

（1）冬瓜条不宜太大或太小。

（2）扒制宜熟不宜生。

22．汤煮干丝

汤煮干丝，河南历史名菜、豫菜泰斗苏永秀制作此菜最为独特，不仅要求豆腐干切成牛毛细丝，还要求煮好的干丝汤汁如奶汁一样的浓白醇香。四种配料也比较讲究，既有呈味配料，又有呈色配料，通过配料的投入，不仅使菜品味道变得鲜香醇厚，还使菜品变得五颜六色，细如牛毛的豆腐干丝，让食客叫绝。

主料：豆腐干200克。

配料：水海米20克，金华火腿丝25克，水香菇丝25克，熟鸡丝25克，姜丝15克。

调料：食盐4克，味精5克，料酒15克，白油50克，香油，奶白汤500克，鲜汤。

制作方法：

（1）将豆腐干用平刀先片成薄片，再切成牛毛细丝备用。

（2）各种配料放在一起。

（3）锅放火上，添入鲜汤，将豆腐干丝与配料放汤内焯一下捞出，控干水分备用。

（4）锅放火上，添入白油，油烧至六成热，将奶白汤下入，加入调料与所有原料煮制，待汤浓盛在海碗内即成，上桌时外带原油与香油兑成的汁。

特点：

此菜汤白味醇，令人回味无穷。

制作要领：

（1）豆腐干切得越细越好。

（2）使用白油炸白汤。

（3）口味宜淡不宜咸。

23．烧羊肚菌

羊肚菌，因外形形似翻转过来的羊肚一样，故名羊素肚。羊肚菌有锥形和球形两种形态，性平味甘，是名贵的素食之一，营养丰富，味道鲜美，具有益肠胃、助消化、化痰、理气、补肾虚之功效。

主料：水发羊肚菌200克。

配料：加工好的菜心200克，南瓜雕刻的花瓣100克，鸡糊100克，火腿蓉20克，淀粉3克。

调料：食盐6克，味精2克，料酒10克，葱姜水10克，鲜汤150克，明油75克。

制作方法：

（1）将水发羊肚菌洗净去柄，加入鲜汤、调料上笼蒸透。

（2）南瓜雕刻的花瓣内酿上鸡糊，用火腿蓉点缀花心，上笼蒸透。

（3）加工好的菜心焯水后，炒制入味，根朝外码在盘子的中间，水发羊肚菌放在菜心中间，南瓜雕刻的花瓣放在外圈。

（4）锅放火上，添入鲜汤，下入调料，勾入粉芡，淋入明油，将汁均匀地浇在菜肴上即成。

特点：

此菜造型美观，脆嫩爽口。

制作要领：

（1）水发羊肚菌洗净去柄。

（2）南瓜雕刻的花瓣受热恰到好处。

24．翡翠双珍

此菜由西芹、胡萝卜、猴头菇、羊肚菌所组成。翡指红色，即胡萝卜球，翠指绿色，即西芹，双珍指猴头菇、羊肚菌，故称翡翠双珍。猴头菇与羊肚菌均为珍贵的名贵原料，它不仅含有较高的营养价值，还有助消化、利五脏、健胃补虚、滋补强身的作用。

主料：水发猴头菇350克，水发羊肚菌100克。

配料：西芹片300克，绣球萝卜50克，白果5克，淀粉3克，熟鸡腿、熟白肘子、干贝各50克。

调料：食盐8克，味精3克，料酒15克，葱姜水15克，鲜汤100克，清油50克，鸡油50克。

制作方法：

（1）水发猴头菇洗净挤干水分，片成片摆在碗内，放上熟鸡腿、熟白肘子、干贝，加入鲜汤、其他调料，上笼蒸60分钟取出，拣出鸡腿、肘子、干贝。

（2）水发羊肚菌洗净放碗内，加入调料、鲜汤，上笼蒸烂取出备用。

（3）绣球萝卜用开水余透后与白果一起放水发羊肚菌内蒸一下备用。

（4）西芹片经焯水后拌入调料，整齐地码在盘的外围，将蒸好的水发猴头扣在中间，水发羊肚菌、绣球萝卜、白果排在水发猴头周围。

（5）锅放在火上，添入清油，兑入鲜汤、调料，勾入流水芡，淋入鸡油搅匀，浇在菜肴上即成。

特点：

此菜鲜嫩适口。

制作要领：

（1）水发猴头菇去净根部杂质，蒸烂。

（2）西芹片焯水掌握好火候。

25．箱子豆腐

箱子豆腐为一道蒸制菜品，先将豆腐制成火柴盒长宽一样的厚箱子块，经油炸后制成内空的箱子，然后酿入肉馅，上笼蒸透再加汤汁与调料蒸，直至蒸软香下笼，略加点缀上桌。

主料：豆腐600克。

配料：肥瘦肉馅300克，淀粉5克，葱段、姜片各10克。

调料：食盐6克，味精2克，料酒10克，酱油3克，鲜汤100克，清油1000克（约耗75克），明油10克。

制作方法：

（1）将豆腐切成长方块，下入六成热的油锅内炸至金黄色起锅沥油，将豆腐放在墩子上，切开箱盖，挖出箱内豆腐，酿入肥瘦肉馅盖严，上笼蒸透取出，放上葱段、姜片及鲜汤调料，再上笼蒸20分钟取出。

（2）将豆腐放另一个盘中略加点缀。

（3）锅放火上，添入蒸豆腐的汁，勾入流水芡，淋入明油，待汤汁煮沸，浇在豆腐上即成。

特点：

此菜形如箱子，内有肉馅，软香可口。

制作要领：

（1）豆腐块大小要均匀。

（2）蒸制时间不宜太短。

26．蒜蓉蒸双丝

所谓双丝，即丝瓜、粉丝。此菜用蒸的熟制方法，将初步加工好的丝瓜、粉丝合为一体蒸制成菜，故称蒸双丝。丝瓜色泽碧绿，富含营养物质，具有清热化痰、凉血解毒、行血脉下乳汁的作用。粉丝富含多种营养物质，柔润嫩滑，爽口宜人，具有良好的附味性，能吸收各种鲜美汤料的味道，故除了做凉菜、热菜，也可作为火锅原料。

主料：嫩丝瓜250克，水粉丝200克。

配料：银杏10克，蒜蓉10克，红辣椒2克。

调料：蒸鱼豆豉油40克，花椒油40克，食盐适量。

制作方法：

（1）将嫩丝瓜去皮切成指头条状，用食盐少许拌匀放热油中过一下，放盘中，水粉丝放丝瓜中间，浇上蒸鱼豆豉油，上笼蒸透取出，放上红辣椒切成的丝。

（2）锅放火上，添入花椒油，烧至油热时浇在粉丝、嫩丝瓜上，用银杏点缀即成。

特点：

此菜色泽明亮，菜分双色，鲜嫩爽口，蒜香扑鼻。

制作要领：

（1）嫩丝瓜去皮，更加美观。

（2）粉丝煮软控水，用油略拌。

27．海米扒白菜

海米，即虾仁的干制品。大白菜性平味甘，既可生食也可熟食，还可以腌制和泡制，适宜多种方法的制作。特别是大白菜含有较多的维生素与肉类同食，既可增加肉的鲜美味，也可减少肉中的亚硝酸盐和亚硝酸盐类的物质，正如俗话所说"肉中就数猪肉美，菜里唯有白菜鲜"。

主料：嫩白菜心600克。

配料：蒸海米75克，淀粉5克。

调料：食盐6克，味精2克，料酒15克，葱姜水10克，浓汤150克，白油100克，鸡油10克。

制作方法：

（1）将嫩白菜切成指头块状，放开汤内烫软，控干水分，整齐的排在锅垫上，用盘扣住。

（2）锅放火上，添入白油、浓汤、食盐、味精、料酒、葱姜水，下入嫩白菜扒制，待菜入味，漏勺拖出锅垫，将嫩白菜扣在器皿中，蒸海米放在锅中略煮，勾入流水芡，淋入鸡油，浇在嫩白菜上即可。

特点：

此菜软嫩鲜香。

制作要领：

（1）嫩白菜选用嫩心。

（2）扒白菜宜烂不宜脆。

28．金钩炒银芽

金钩，大青虾仁的干制品，因色泽金黄、形态弯曲，故称金钩。金钩营养丰富，口味鲜香，是名贵的水产原料之一。

银芽又称掐菜、银条，即绿豆芽掐去两头的一种称谓。宫廷菜中常用银芽作为原料。要求银芽短粗肥大，洁白如玉。二者合一烹制，故称金钩炒银芽。

主料：绿豆芽400克。

配料：蒸好的金钩100克，嫩韭头1克，姜末5克。

调料：食盐6克，味精1克，料酒10克，葱油50克。

制作方法：

（1）将绿豆芽淘一下与蒸好的金钩、姜末、嫩韭头放在一起。

（2）锅放火上，添入葱油，烧至油热后，下姜末及绿豆芽、蒸好的金钩，加入食盐、味精、料酒翻炒均匀，见绿豆芽脆嫩时，起锅装在盘内即成。

特点：

此菜质地脆嫩，口味鲜香。

制作要领：

（1）绿豆芽要选用肥短粗壮的。

（2）炒菜时用旺火，迅速出锅。

29. 绣球萝卜烧江干

江干，又称干贝，是扇贝肌肉的干制品，性温味甘，色泽红黄，味道鲜美，是海味中的珍品。古人曰"食后三日，犹觉鸡、虾乏味"可见干贝鲜味非同一般。

白萝卜，性凉味辛，既可生食，又可熟食，还可以腌制，是人们冬季生活中常见食品之一，它具有止咳化痰、顺气利尿、清热解毒之功效。民间有句谚语"冬吃萝卜夏吃姜，不用医生开药方"。由此可见吃萝卜在对身体健康方面所起的作用。

主料：白萝卜绣球400克。

配料：蒸好的江干75克，黄瓜10克，淀粉2克。

调料：食盐5克，味精2克，料酒10克，葱姜水15克，白油75克，鲜汤100克，明油5克。

制作方法：

（1）白萝卜绣球用开水氽透，放凉水中泡片刻捞在碗内，加入蒸好的江干、食盐、味精、料酒、葱姜水、白油、鲜汤上笼蒸15分钟取出。

（2）汁沥锅内，勾入流水芡，淋入明油搅匀。

（3）将蒸好的江干、萝卜绣球装在盘内，用黄瓜点缀一下，锅内的汁浇在菜肴上即成。

特点：

此菜工艺精细，鲜嫩可口。

制作要领：

（1）使用新鲜白萝卜，球状大小一致。

（2）蒸制时间恰到好处。

30．香煎菠菜

菠菜，又称波斯菜、赤根菜，一年生草本植物，性凉味甘，是人们常食蔬菜之一，色碧绿，根赤红软嫩鲜香，可做菜肴的主料、配料，菠菜汁可作呈色原料，用于烹调和面点之中。菠菜具有补血止血、利五脏、通血脉、助消化、增进肠道蠕动、利于排便的作用。

主料：嫩菠菜500克。

配料：鸡蛋1个，淀粉40克，姜末、葱末各10克。

调料：食盐5克，味精2克，料酒5克，清油75克，蒜泥汁75克。

制作方法：

（1）嫩菠菜洗净放开水内焯一下捞出放盆内，加入鸡蛋、淀粉、葱末、姜末、食盐、味精、料酒，用手抄拌均匀。

（2）锅放火上，添入油，下入拌匀的菠菜，用勺拍成片状煎制，背面煎熟后翻过面再煎，两面均熟时倒在墩子上，切成象眼块，码在盘内，中间放蒜泥汁，上桌食用。

特点：

此菜色泽碧绿，软嫩鲜香。

制作要领：

（1）菠菜选用嫩叶。

（2）煎时要用小火。

31．烧酿辣椒

烧酿辣椒，为长垣历史名菜，选用色碧绿、质鲜嫩、味微辣的鲜嫩尖椒，经洗净去柄去籽后，酿入调好味的猪肉馅，然后在清油锅内浸炸透烧制，制成适宜佐饭菜食用的一道佳肴，备受食客的欢迎。

主料：鲜嫩尖椒300克。

配料：肥瘦肉馅150克，香菇、笋片各5克，姜丝、葱丝、红辣椒丝各2克，淀粉2克。

调料：食盐4克，味精1克，料酒5克，鲜汤100克，清油700克（约耗50克）。

制作方法：

（1）将嫩尖椒洗净去柄去籽，酿入肥瘦肉馅。

（2）锅放火上，添入清油，烧至三成热时，下入酿入肥瘦肉馅的尖椒，反复浸炸，待尖椒碧绿，肥瘦肉馅熟透后起锅沥油，再将锅放火上，添油少许，下入葱丝、姜丝、辣椒丝、香菇、笋片煸炒，投入鲜嫩尖椒、鲜汤、调料，轻轻将锅晃动，待汁基本收尽，加入淀粉汁，淋入清油，装在盘内即可。

特点：

此菜色泽碧绿，质软味香。

制作要领：

（1）尖椒选用嫩的，馅不要过满。

（2）炸时油温不宜过高。

二、荤菜制作技艺

1. 一品鲍鱼

鲍鱼，单壳软体动物，腹足纲，海中珍品，性平味甘、咸。鲍鱼营养价值较高，富含丰富的球蛋白，还含被称为"鲍素"的成分，能够破坏癌细胞必需的代谢物质，能养阴、补阳、平肝、固肾，可以调整肾上腺分泌，还有双向性调节血压的作用。

主料：干鲍鱼125克。

配料：熟鸡腿、熟白肘子各50克，西蓝花10克，葱、姜各10克，生粉2克。

调料：食盐1.5克，味精1克，料酒3克，鲜汤50克，鲍鱼素2克，葱油15克。

制作方法：

（1）干鲍鱼经水发后，背面用刀解一下，放汤碗内，加入熟鸡腿、熟白肘子、葱、姜及鲜汤上笼蒸软取出，拣出配料，西蓝花用开水焯一下同放盛器内。

（2）专用小锅加入鲜汤，放入调料，勾入生粉，加入葱油搅匀，浇在干鲍鱼上即成。

特点：

此菜色泽红亮，糯筋可口。

制作要领：

（1）干鲍鱼涨发要透，蒸或煨要恰当。

（2）色调正、芡适当。

2. 三色龙虾

龙虾，种类繁多，体形大小差异较大，一般根据龙虾的体重确定虾的食用方法。龙虾，性温味甘、咸，具有补肾壮阳、通乳抗毒、补中益气、养血固脱、温阳益脾、滋补肝肾、祛风通络等作用,是脑细胞不可缺少的营养,对防止动脉硬化、防止老年高血压、促进皮膜新陈代谢有一定的功效。

主料:龙虾1只(重约800克)。

配料:鲜笋100克,芹菜梗50克,玉兰片50克,西蓝花150克,腰果100克,香菜5克。

调料:姜片5克,食盐10克,味精5克,白糖7克,料酒15克,淀粉15克,鲜汤100克,香油5克,花生油1000克(约耗75克)。

制作方法:

(1)用竹扦插入龙虾尾部肛门处放尿,再插入头部使其死亡,放冰水中冷冻10分钟取出,把虾肉从腹部取出,先切两半,再切成丁状,头尾壳备用。

(2)将鲜笋、玉兰片、芹菜梗切成橄榄形。

(3)锅上火添入油,腰果炸至微黄倒出沥油,炒锅加水烧沸,入虾头、尾壳焯熟,摆放长盘两端。炒锅加油放西蓝花煸熟,摆在长盘两侧与虾头虾尾形成龙虾原形。

(4)鲜汤、调料、淀粉兑成预备汁。

(5)炒锅加水烧沸,将鲜笋、玉兰片、芹菜梗焯熟捞出。锅重新放火上,下花生油烧至六成热,把龙虾肉泡油至断生捞出倒油,锅内留油50克,烧热后下姜片及全部配料煸炒,倒入虾肉、预备汁,翻拌均匀,淋入香油装在盘内即成。

特点:

此菜脆嫩爽口。

制作要领:

(1)去壳取肉时要将肉取净取完整。

(2)烹调时要掌握好火候。

(3)装盘要美观。

3.蒜籽烧裙边

裙边,即甲鱼四周边的软肉,多为干制品,性平味甘,名贵食材之一,是高蛋白、低脂肪、营养丰富的高级滋补品。它具有滋阴凉血、补益调中、补肾健骨、散热消疮等作用。对身体虚弱、肝脾肿大、肺结核等症有食疗的功效。

主料:水发裙边500克。

配料:大蒜100克,西蓝花50克,生粉3克。

调料:食盐5克,味精2克,料酒15克,鲍鱼素2克,酱油2克,鲜汤200克,蒜油75克。

制作方法：

（1）将蒜籽、水发裙边洗净，用坡刀片成大片，放开水内汆透捞出，控干水分。

（2）蒜籽炸黄、西蓝花焯水备用。

（3）锅内放蒜油，下入水发裙边煸炒，加入调料、鲜汤、蒜籽，小火收汁烧制，然后加入蒜籽烧入味后，勾入流水芡，装在盘内，用西蓝花略加点缀即成。

特点：

此菜色泽红润，质糯软，味醇厚。

制作要领：

（1）水发裙边涨发要恰到好处，并要洗干净。

（2）要突出蒜香味。

4．剁椒鱼头

剁椒，是指利用泡椒（绿泡椒、红泡椒、小米辣泡椒剁碎）经炒制而成，因泡椒的色泽不同，各地厨师加工使用的泡椒比例不一。故泡椒的色泽、口味、形态也不大相同。此菜以鲜鲢鱼头为主料，配上炒制好的剁椒，上笼蒸制，其质嫩味鲜辣，最适宜中青年人群食用。

主料：鲢鱼头1个（约1250克）。

配料：香葱花10克，蒜末20克，姜末20克，葱花20克，姜片50克。

调料：剁椒200克，食盐少许，料酒20克，酱油20克，醋15克，白糖5克，蒸鱼豉油50克，花椒油50克，胡椒粉1克。

制作方法：

（1）将鲢鱼头去鳞去鳃去内脏黑衣，清洗干净，从鱼头下额劈开，上边连着，鱼肉部分用刀划几下，放盆内加入酱油、料酒、蒸鱼豉油、少许食盐，腌制15分钟取出，放在铺有姜片的12寸圆盘内。

（2）将剁椒放碗内，加入葱花、姜末、蒜末、蒸鱼豉油、酱油、料酒、白糖、醋、胡椒粉拌匀，均匀地将剁椒放在鱼的上边，上笼用旺火蒸12分钟取出，上撒葱花。

（3）锅放火上，添入花椒油烧至大热，浇在鱼上即成。

特点：

此菜色泽红润，香辣可口。

制作要领：

（1）选用鲢鱼头，头后边要带一部分鱼身肉。

（2）加工时要除去腹内黑衣。

（3）根据个人口味要求，适当调节辣味。

5．煎扒青鱼头尾

煎扒，是河南扒菜中又一种扒制方法，原料需经煎黄后再入竹箅扒制，故称煎扒。此菜属于用小火长时间加热的一种扒制法，需要3~4个小时才能扒制成菜，突出煎扒方法的特色。此方法多用于含胶质比较丰富的动物性原料。"扒菜不勾芡，汤汁自然黏"，就来于此法。

主料：青鱼1条（重约1250克）。

配料：冬笋50克，香菇50克，葱段、姜片各25克。

调料：食盐8克，酱油50克，味精2克，料酒25克，白糖30克，鲜汤600克，花椒油3克，白油200克。

制作方法：

（1）将青鱼刮鳞、挖鳃、破腹取内脏洗干净，从青鱼头后3厘米许处剁下，尾从肛门处切下，中段取7厘米，然后将头从下颌破开，上边不断，肉部用刀划开连着头，皮面朝下放在盘的一端，尾处用刀从断面处划3刀，连着尾鳍，放在盘的另一端，中段用刀冲开，取脊骨，将每扇中段剁成4块，放在中间空隙。冬笋切成滚刀块，香菇去柄，与脊骨、葱段、姜片一起放在青鱼身上。

（2）将锅烧热，下入油使锅上下转动，将油布满锅底，下入加工好的青鱼头尾煎制，边煎边晃锅。边从锅边淋油，待下面煎黄、顺入竹箅中，用盘扣住。

（3）锅放火上，添入白油与鲜汤，下入调料，将排好的锅垫下入锅内，大火烧开小火扒制，待色泽红亮，汁浓时取出扣盘，用漏勺托出锅垫，将鱼扣在盘中，汁中加入花椒油搅匀，浇在青鱼身上即成。

特点：

此菜色泽柿红，鱼软嫩，味鲜香。

制作要领：

（1）加工前鱼身上的水分揞干，否则易粘锅。

（2）煎鱼时，锅要烧热并清理干净，否则易粘锅。

6．烧蹄筋

猪蹄筋，即猪蹄内的筋，分前蹄筋和后蹄筋，前蹄筋短，后蹄筋长，以后蹄筋为佳。中医认为，猪蹄筋性平味甘咸，含有丰富的胶原蛋白质和生物钙，脂肪含量比肥肉低，并且不含胆固醇，能增强细胞生理代谢，是理想的食材之一。

蹄筋多为干制品，需经涨发后才能食用。蹄筋涨发分为四种，一种为水发；一种为油发；一种为油水混合发；一种为盐发，通常以油发为主。

主料：油炸水发猪蹄筋400克。

配料：丝瓜50克，淀粉10克。

调料：食盐4克，味精1克，料酒10克，鲜汤200克，三味油50克，明油适量。

制作方法：

（1）将水发蹄筋用水洗干净，用平刀顺长片开备用。

（2）丝瓜洗净去皮切成柳叶片与蹄筋放在一起。

（3）锅放火上，添入水，将蹄筋及丝瓜片先氽一下捞出，锅内添鲜汤及适当的调料。将蹄筋、丝瓜片下锅内刹一下捞出控干。

（4）锅放火上，添入三味油烧热，下入蹄筋及配料煸炒，随后加入鲜汤及其他调料烧制，菜入味后勾入流水芡、淋入明油装在盘内即成。

特点：

此菜温汁亮油，鲜香可口。

制作要领：

（1）选用猪后蹄筋为佳。

（2）烧制时先氽、后杀、再烧制，这是豫菜烧扒菜的传统程序。

7. 大葱扒羊肉

大葱，性温味辛，具有通阳活血、驱虫解毒、发汗解表之功效，经油炸黄后，香味扑鼻。羊肉是我国人民食用的主要肉食品之一，因其质地细嫩，容易消化吸收，有助于提高身体的免疫力，故受人们喜爱。羊肉的吃法很多，如烤、炸、炒、扒、炖、涮等，此菜以大葱和羊肉合烹，其味更加独特。

主料：熟白羊肉500克。

配料：葱白100克，嫩菜心75克，粉芡15克，姜片20克。

调料：食盐5克，味精2克，料酒15克，酱油5克，花椒油25克，辣椒油50克，鲜汤100克。

制作方法：

（1）将熟白羊肉切成大片，呈瓦楞形码在碗内。

（2）葱白切成5厘米长的段炸黄，与姜片同放羊肉上边，浇上鲜汤，加入食盐、味精、料酒、酱油上笼蒸30分钟取出。

（3）锅放火上，添入花椒油下入嫩菜心煸炒一下，将蒸羊肉的汁滗在锅内，羊肉合在扒盘内，锅内的汁勾入流水芡，淋入辣椒油，菜心放在羊肉外围，汁浇在羊肉上即成。

特点：

此菜色泽红润，鲜香软烂。

制作要领：

（1）熟白羊肉煮时不宜过烂。

（2）上笼蒸制时间要恰到好处（此菜为蒸扒）。

（3）勾芡要恰当。

8. 芙蓉兰花鸡腰

芙蓉，即用鸡蛋清加清汤、食盐敲打融合后，倒在盘内，上笼用小火蒸熟，嫩如豆腐脑般的一种菜肴，因色白如雪，芙蓉花般的细腻软嫩，故称芙蓉。

鸡腰，是雄性鸡子的腰子，色微黄、质软嫩，形如指头肚大小。两者经过精细加工，制成一幅美丽的兰花图案，因此而得名。

主料：鸡蛋清6个，鸡糊200克，鸡蛋100克，鸡腰适量。

配料：香菜叶20克，红菜椒20，团粉2克。

调料：白油10克，鸡油10克，葱姜水50克，清汤250克，食盐3克。

制作方法：

（1）鸡腰洗净，放开水内氽透，揭外皮一冲两开，用作料略拌一下备用。

（2）香菜叶，红菜椒加工成兰花的枝和花状。

（3）取18个条勺，抹上油，酿入鸡腰和鸡糊抹光镶上香菜叶及红菜椒制成的兰花。

（4）将鸡蛋清加葱姜水及清汤150克、食盐2克，敲打融合后去净浮沫，倒在12寸汤盘内，与酿好的鸡腰上笼用小火蒸透取出，将兰花鸡腰放在芙蓉上。

（5）将锅放火上添入清汤，加入调料，浇沸，勾入流水芡，淋入鸡油，浇在兰花鸡腰及芙蓉上即成。

特点：

此菜软嫩鲜香。

制作要领：

（1）酿兰花鸡腰时要做到美观。

（2）蒸芙蓉时要用小火，否则会蒸出蜂窝。

（3）装盘后再略加点缀更美观。

9. 烹汁鸡翅

鸡翅，又称凤翅，性温味甘，在烹调食用上，一般以翅中为原料加工烹制成菜。鸡翅在人们日常饮食生活中是一道青睐菜肴，它不仅蛋白质含量颇多，还是肉类原料中低脂肪食品，在现实饮食"低盐、低糖、低脂肪、高蛋白"膳食结构中，是人们的理想食材。

主料：鸡翅中400克。

配料：芦笋尖4个，葱段、姜片各10克，葱姜细丝各5克，鸡蛋半个，粉芡5克。

调料：食盐3克，酱油2克，味精1克，料酒10克，鲜汤25克，胡椒粉少许，植物油1000克（约耗40克）。

制作方法：

（1）将芦笋尖洗净，放开水内焯一下捞出，用调料少许拌一下备用。

（2）鸡翅中洗净，从一头将骨斩断并将细骨拉出翅肉，放小盆内，加入葱段、姜片及调料拌匀麻制15分钟。拣出葱姜片，加入半个鸡蛋搅拌的蛋液，粉芡拌匀。

（3）取小碗，放入鲜汤、胡椒粉、食盐、味精、料酒、葱姜丝兑成料汁备用。

（4）将锅放火上，添入植物油，烧至五成热时，将鸡翅下锅用勺蹚开，小火浸透，然后将油温升高复炸一下，起锅澄油，随后，将鸡翅倒入锅内，投入兑好的料汁，翻拌均匀，装在盘内，用芦笋略加点缀即成。

特点：

此菜色泽红黄，软香可口。

制作要领：

（1）翅中砸断并抽露出细骨。

（2）炸制时先为浸炸，熟透重炸一次，达到淋油的效果。

10. 香橙鸭子

香橙，指香橙水果，既是上桌器皿，也是呈味食材。鸭肉经刀工处理和初步烹调加工后与香橙结合为菜，是一种时尚菜的探索，此菜不仅具有鸭子的清香味，还具有浓浓的香橙味道，深受食客喜欢。

主料：鸭脯100克。

配料：香橙1个，葱姜10克，花椒2克。

调料：食盐0.5克，味精0.2克，料酒2克，鲜汤50克，胡椒粉少许。

制作方法：

（1）将鸭脯肉用刀切成条状，放入水中冲洗血污后放入开水锅内汆透，捞出洗净血沫，放小碗。加入葱姜、花椒、鲜汤及调料，上笼蒸至九成熟取出，拣出葱姜、花椒备用。

（2）香橙洗净，从上端用刀尖挖出一个盖状的口，取出橙肉后，倒入蒸好的鸭脯及汤汁，再上笼蒸5分钟取出，上桌食用。

特点：

此菜汤清肉鲜，橙子风味浓郁。

制作要领：

（1）鸭脯先用凉水冲洗除血污，再汆透洗除血沫，才能达到菜品质量要求。

（2）装入香橙内二次蒸时，蒸制时间不宜过长。

11. 厨乡烧三样

厨乡烧三样，是长垣厨乡的一道传统名菜。它由水发海参、熟发鱿鱼和油发水蹄筋组成，三种原料来自三种不同的涨发方法，三种不同的色泽，但最终质感和味道达到软嫩鲜香，一直被厨乡厨师传承下来，备受食客欢迎。

主料：水发海参150克，熟发鱿鱼150克，油发水蹄筋150克。

配料：淀粉15克。

调料：食盐3克，味精2克，料酒15克，鲜汤150克，三味猪油75克，鸡油5克。

制作方法：

（1）将水发海参用刀片成坡刀片（卧刀片），熟发鱿鱼用刀片成坡刀片，油发水蹄筋用刀片开。

（2）将锅放火上，添入水烧沸，下入水发海参、熟发鱿鱼、油发水蹄筋片汆一下，捞出，控干水分。

（3）锅重新放火上，添入鲜汤500克，下入少许食盐、味精、料酒，投入汆透的三样杀焯一下，捞出控干水分。

（4）锅重新放火上，添入三味猪油，下入杀过的三样略煸一下，投入鲜汤及调料烧制，待入味后，勾入流水芡，淋入鸡油，装在盘内即成。

特点：

此菜软嫩鲜香。

制作要领：

（1）水发海参选用以灰刺参、方刺参、梅花参、黄玉参为佳。

（2）熟发鱿鱼使用熟发的，禁止使用生发鱿鱼。

（3）油发水蹄筋用油发猪后腿蹄筋为佳。

12. 鲜椒鲈鱼片

鲈鱼，性平味甘，肉质细腻，味鲜美，四大名鱼之一。它具有健脾补气，益胃安胎之功效，对贫血头晕，妇女妊娠水肿，化痰止咳有一定的防治作用。此菜将鲈鱼制作成片状与其他配料入烹成菜，既美观大全，又便于食用。

主料：鲈鱼1条（约750克）。

配料：嫩菜心10棵，鸡蛋清1个，粉芡10克，青红椒丝10克，鲜花椒10克。

调料：蒸鱼豉油50克，食盐1克，植物油50克。

制作方法：

（1）嫩菜心洗净，放开水锅内焯一下捞出，麻味备用。

（2）将鲈鱼刮鳞，去内脏洗净，头尾切下，头从下额破开，上边连着。

（3）将鲈鱼身冲开，去骨去刺、鱼骨，刺剁成段与头尾放在一起，鱼肉片成厚片，放小盆内，加入蛋清、粉芡、食盐拌匀。

（4）将嫩菜心放鱼盘两边沿备用。

（5）锅放火上，添入清水烧沸，下入头尾及骨刺煮熟捞出，控干水分，头尾按鱼形摆放，骨刺放中间，将拌好的鲈鱼片入沸水内氽熟，捞出除沫，放在鱼骨刺上边，淋入热的蒸鱼豉油，撒上青红辣椒丝，放上鲜花椒，浇上烧热的植物油即成。

特点：

此菜色泽明亮，鲜嫩可口。

制作要领：

（1）嫩菜心要大小一致。

（2）选用活鲈鱼，鱼片不宜薄。

（3）摆放要整齐，顺序要恰当。

13. 酸汤肥牛

肥牛，是一种高密度食品，味美而且营养丰富。它不但含有丰富的蛋白质、铁、锌、钙，还有人体每天所需要的B族维生素，吃肥牛配配料，不仅营养更丰富，而且易于消化吸收。

主料：生肥牛片500克。

配料：水晶粉50克，鲜金针菇50克，香菜20克，红绿小尖椒10克，鲜花椒10克。

调料：花椒油10克，自制肥牛汤750克。

制作方法：

（1）将水晶粉泡软，鲜金针菇洗净，香菜切成小段，红绿小尖椒切成小丁状分别放开。

（2）锅放火上，添入清水，下入水晶粉，鲜金针菇烧沸后捞出，冲净沫，将水晶粉、鲜金针菇放汤碗内。

（3）锅内添入水，水沸后下入生肥牛片，用勺不断上下翻动，待汤沸生肥牛片断生后捞出，淋净血沫，将肥牛倒在水晶粉、鲜金针菇碗内。

（4）自制肥牛汤倒在锅内烧沸，倒在肥牛上，将鲜花椒、红绿小尖椒小丁放在肥牛上。

（5）将花椒油烧大热，浇在红绿小尖椒丁上即成，外带香菜上桌。

特点：

此菜色泽金黄，味酸辣，肥牛软嫩。

制作要领：

（1）生肥牛片要用凉水泡去血污。

（2）自制肥牛汤的原料由植物油、大蒜瓣、葱段、姜片、酸菜、酸萝卜、白醋、泡尖椒、蒸大瓜、鲜汤等进行长时间熬制并过滤而成。

14．孜然羊外腰

羊外腰，又称羊蛋，性温味甘，具有补肾壮阳、滋阴益精、抗疲劳等功效，可以增强机体免疫力。羊外腰营养丰富，属原始高蛋白营养物质，是动物机体的一种特有组织。其质地细腻，口感软嫩，是大补之佳品。

主料：羊外腰600克。

配料：紫苏叶50克，葱段、姜片各15克。

调料：食盐3克，味精1克，料酒15克，胡椒粉1克，辣椒面、孜然粉各5克，植物油1000克（约耗40克）。

制作方法：

（1）紫苏叶洗净，控干水分备用。

（2）羊外腰洗净，去掉外皮，用刀一冲两开，在平面剞上交叉十字花刀，依次剞完放小盆内，加入葱段、姜片、食盐、胡椒粉、味精、料酒拌匀腌20分钟，拣出葱段、姜片，用净布摁干。

（3）锅放火上，添入植物油，烧至五成热时，将羊外腰下锅，待花纹暴出后捞出。油温升高时，将羊外腰放入锅内复炸一下起锅浥油，锅重新放火上，倒入羊外腰，下入辣椒面、孜然粉翻拌几下，待味透出，逐个放在紫苏叶上，上桌食用。

特点：

此菜羊外腰干香软嫩，孜然风味。

制作要领：

（1）羊外腰揭净外皮，但保留外薄膜。

（2）炸透后要复炸一遍，增加干香口感。

（3）辣椒面、孜然粉要炒出味才能出锅。

15．酱爆牛蛙

牛蛙，性温味甘，是常见的两栖动物，因其肉鲜嫩、味道鲜美，深受人们的喜爱。牛蛙具有补益心脾、养血安神之功效，同时也是高蛋白、低脂肪的高级营养食品。此菜以酱爆的烹调方法奉献给大家。

主料：牛蛙后腿8只。

配料：大蒜瓣50克，冬笋片50克，粉芡15克。

调料：食盐3克，面酱5克，味精1克，料酒10克，鲜汤100克，三味油35克，清油500克（约耗25克）。

制作方法：

（1）将牛蛙后腿肉洗净，用刀剁成小块。

（2）大蒜瓣切去两头，冬笋片切成雪花片备用。

（3）锅放火上添清水，下入牛蛙后腿肉氽透捞出，洗净血污，控干水分。

（4）锅放火上，添入清油，烧至六成热时，将牛蛙后腿肉下入锅内炸一下，起锅浥油，随后加入三味油，下入大蒜瓣煸黄放入牛蛙肉、冬笋片，加入面酱煸上色，兑入鲜汤，下入调料，待汁浓时起锅装盘。

特点：

此菜色泽红亮，鲜嫩可口。

制作要领：

（1）牛蛙后腿不宜剁得太碎。

（2）牛蛙后腿先汆水，后过油。

（3）面酱使用要适度，以红黄色为佳。

16．椒盐大肠

猪大肠，性寒味甘，具有润燥补虚、止血止渴之功效，对治疗虚弱、脱肛、痔疮、便血、便秘等症有食疗效果。但大肠内胆固醇含量较高，对患有高血压、高血脂、心脑血管疾病者不宜多吃。

主料：大肠头1个。

配料：鸡蛋清1个，粉芡30克，面粉30克，葱段、姜片各10克，花椒5克。

调料：食盐3克，味精1克，料酒10克，酱油2克，花椒盐2克，植物油1000克（约耗50克）。

制作方法：

（1）将大肠头外部的油择洗干净后，翻过来，将里边肠壁上的污物用醋搓洗干净，放在水锅内煮至断生捞出，放小盆内，加入葱段、姜片、食盐、味精、料酒、花椒、酱油拌匀，上笼蒸烂取出，将大肠头用净布搌干。

（2）鸡蛋清、粉芡、面粉加点植物油制成稠糊，将大肠头放入拌匀。

（3）锅放火上，添入植物油，烧至五成热，下入大肠头炸制，边炸边顿火，见大肠头外部发酥起锅滗油。

（4）大肠头放墩上，用斜刀切成大片，装盘。上桌时外带片火烧食用更有特色。

特点：

此菜外酥里软，肥而不腻，是历史名菜。

制作要领：

（1）大肠头里外要择洗干净，先汆、后蒸、再炸。

（2）炸制要不断顿火，方能炸酥炸焦。

（3）此菜宜热食，食时外带火烧风味更独特。

17．酱大排

酱大排，以猪大排为食材。猪大排，是提供人体生理活动必需的优质蛋白质、脂肪，尤其是优质的钙质，可维护骨骼健康。猪大排具有味道鲜美，食而不腻的特点，还具有滋阴壮阳、益精补血之功效，是为幼儿和老人提供钙质的理想食材。

主料：猪带肉生大排1000克。

配料：西蓝花100克，葱段、姜片各25克，花椒5克。

调料：食盐2克，料酒15克，甜面酱50克，鲜汤100克，花椒油50克，红曲米汁50克。

制作方法：

（1）西蓝花洗净，用开水焯熟，用食盐、料酒拌匀，定在小碗内，扣在盘中间。

（2）将猪大排每两根肋骨剁开，再将肋骨剁成7厘米长的段，放开水内氽透，冲去浮沫，放砂锅内，加入适量的鲜汤、食盐、料酒、葱段、姜片、花椒、红曲米汁，大火烧开，小火卤制，见大排九成熟时捞出，控干水分。

（3）花椒油放锅内烧热，下入甜面酱炒香添鲜汤，下入大排，小火收汁，汁浓，将大排摆放在盘的外围，上桌食用。

特点：

此菜色泽枣红，软烂鲜香。

制作要领：

（1）猪大排要选用带肉的大排。

（2）每两根肋骨为一组，剁成7厘米长的段。

（3）卤至九成熟入炒香的酱汁内收汁。

18．红油鞭花

红油鞭花，主要食材为牛鞭。牛鞭，即雄性牛的生殖器，富含胶质，具有补肾壮阳之功效，对腰酸、肾虚、畏寒、四肢发冷、水肿、燥热、盗汗、虚汗、头晕者有较大的食疗作用。此菜利用红油调味，配上西蓝花调色，使口味更加丰富，色彩更加鲜艳，令人食欲感更加强烈。

主料：牛鞭600克。

配料：西蓝花100克，葱段、姜片各10克，干红辣椒2克，淀粉5克，枸杞10克。

调料：食盐3克，味精1克，料酒10克，鲜汤100克，花椒油10克，辣椒油25克。

制作方法：

（1）将牛鞭洗净，揭去外皮，剪开尿道管并除去，放开水内氽透取出，放墩子上，用立刀解开，每10~12刀切断，依此解完，放开水内氽至花纹暴出后捞出，放入小盆内，加入葱段、姜片、干红辣椒、鲜汤及食盐、味精、料酒上笼用旺火直至蒸烂取出。拣出葱段、姜片，辣椒备用。

（2）枸杞用开水烫一下备用。

（3）西蓝花洗净，加工成朵状，放开水内焯透捞出，控干水分，加调料拌匀，装小碗内，扣在盘的中间，牛鞭均匀地放在西蓝花的外围，枸杞放在鞭花上，将蒸牛鞭的汁勾入流水芡，淋入花椒油、辣椒油浇在菜上即成。

特点：

此菜装盘典雅，软嫩鲜香。

制作要领：

（1）解鞭花时要将尿道向下，一般10~12刀为一段，深度为牛鞭直径的9/10。

（2）鞭花宜蒸不宜卤。

19．荷叶肉

鲜荷叶，色泽碧绿、味道清香。在夏季利用荷叶与肉、鸡、排骨同烹由来已久，是地道的时令菜，品荷叶的清香，尝肉质的鲜美，是前辈厨师给我们留下的宝贵经验。

主料：带皮五花肋条肉400克。

配料：嫩荷叶200克，炒好的米粉75克，葱姜丝各10克，鲜汤75克。

调料：食盐2克，甜面酱50克，料酒10克，酱油5克，白糖5克。

制作方法：

（1）将炒好的米粉放入小盆内，加入75克鲜汤将炒好的米粉泡软。

（2）嫩荷叶切成15厘米长方形块状，放开水内焯一下捞出，控干水分。

（3）将带皮五花列条肉切成长6厘米、宽2厘米、厚度0.5厘米的大片，放在米粉盆内，加入食盐、料酒、酱油、面酱、葱姜丝、白糖，拌匀。

（4）取嫩荷叶，绿面朝下，调角放在墩子上，将带皮五花列条肉粘上炒好的米粉放在嫩荷叶上，将左右两尖对折，有里朝外包住米粉肉，整齐码在碗内，上笼蒸烂取出，合在盘内即成。

特点：

此菜荷叶清香，肉质软烂。

制作要领：

（1）炒好的米粉泡透。

（2）嫩荷叶包肉时，将炒好的米粉均匀地包入荷叶中。

（3）此菜宜烂不宜生。

20．宫保绣球虾

说到宫保菜品，许多人都知道川菜中的宫保鸡丁，不用说此菜的传奇故事，就以它辣中带甜、甜中微酸、酸中透香的美味就已经让人垂涎三尺了。此菜多年来经久不衰，备受食客的喜爱。

继承不泥古，发展不离宗。当今厨师肩负着传承历史名菜的责任，也肩负着发展烹饪技艺的重担，宫保绣球虾借鉴宫保鸡丁的制作程序与调味方法就是其中的一例，既有传承，又有发展。其色泽、味道、质感、形态均可与宫保鸡丁媲美。

主料：大虾400克。

配料：炸腰果40克，淀粉20克，干红辣椒段10克，葱、姜、蒜各10克。

调料：食盐4克，生抽15克，白糖50克，料酒15克，胡椒粉1克，香醋20克，花椒油50克，鲜汤50克。

制作方法：

（1）将大虾洗净去头尾去壳，背部顺长划开去除虾线，然后顺长划两刀，放小盆内，加入食盐1.5克、料酒5克、胡椒粉0.5克拌匀腌制，入味后加入淀粉拌匀备用。

（2）将生抽、食盐、料酒、白糖、香醋、鲜汤兑成预备汁。

（3）锅放火上，下入花椒油烧热，放入干红辣椒段煸炒出香味，投入大虾继续煸炒，见大虾呈球状断生后下入葱姜蒜煸炒一下，倒入料汁炒制，见汁基本包住虾球无汁时，放入炸腰果，翻拌均匀，装在盘内即成。

特点：

此菜色泽红亮，脆嫩适口。

制作要领：

（1）大虾除净虾线后，从刀口处每边顺长再划一刀，以便受热呈球状。

（2）煸炒虾仁时一定要断生。

（3）预备汁口味要恰当。

21．辣味羊排

羊排，性温热，具有补气滋阴、暖中补虚、开胃健力之功效。在《本草纲目》中被称为补元阳、益血气的温热食品。它所含的某些营养物质，已超过牛肉和猪肉的含量，对补肾壮阳、体温畏寒的人群有较大的食补作用。

主料：卤制羊排500克。

配料：洋葱100克。

调料：自制辣椒粉、孜然油40克，花椒油30克，植物油1000克（约耗50克）。

制作方法：

（1）将洋葱剥去外皮，一切两半，切成粗丝状备用。

（2）锅放火上，添入花椒油，将洋葱放锅内加调料炒熟装在盘内。

（3）将锅放火上，添入植物油，油烧至五成热，将羊排下锅内，炸至外皮发酥起锅滗油。羊排放在墩子上，逐骨用刀剁开，里外用刷子刷上自制的辣椒粉、孜然粉油即成。

特点：

此菜辣香酥嫩。

制作要领：

（1）卤制羊排口味要恰当。

（2）炸制时控制好油温，不宜过低。

22．酒心虾球

酒心虾球，是一道炸制菜肴，它以虾蓉、肥膘肉、咸面包为主要原料，配上红酒、冻粉制成的红酒冻作为馅料，经油炸制后，外部面包酥脆，虾蓉肥膘肉软香，内部馅料融化为汤汁，食后凸显浓郁的红酒味道，颇受食客青睐。

主料：虾仁500克，肥膘油100克，琼脂20克，咸面包100克。

调料：红葡萄酒100克，食盐4克，味精2克，料酒3克，蛋清2个，淀粉20克，植物油1500克。

制作方法：

（1）虾仁与肥膘油制成泥，加食盐、味精、料酒、蛋清、淀粉，搅拌成硬糊状备用。

（2）琼脂用清水泡透、切碎，同红葡萄酒放碗内上笼蒸融化，凉透入冰箱使其凝固。

（3）咸面包切成小粒，红葡萄酒冻切成1.5厘米见方的丁。

（4）取虾胶25克，中间包上红酒冻一块，制成丸子形，放在咸面包粒上滚动，使其均匀沾上咸面包粒，依次将虾胶做完。

（5）锅添油烧至五成热，将制成的虾球下锅炸制，待虾球金黄色时捞出装盘。

特点：

此菜外焦里嫩，吃时有汁，别有情趣。

制作要领：

虾胶做得要有硬度，油炸时温度不可高。

23．炒腰丝

腰丝，即由猪的肾脏经初步加工后而生成。猪肾，又称猪腰子，性平味咸，具有理肾气，通膀胱，消积滞，止消渴的功效。对肾虚所致的腰酸痛、肾虚遗精、耳聋、水肿、小便不利、盗汗、有一定的食疗作用。

猪腰子的食用方法很多，可以加工成丝、片、丁、条、仁、块等多种形态，可拌、炝、炒、爆、炸、氽、烩等方法制作菜肴，是人们喜爱的食材之一。

主料：净腰子250克。

配料：掐菜100克，红绿辣椒丝25克，姜米10克，蛋清10克，淀粉5克。

调料：食盐4克，味精1克，料酒5克，鲜汤25克，清油500克（约耗30克）。

制作方法：

（1）将腰子用刀切成与火柴棒长短粗细相等的丝状，放凉水内淘洗净臊味，控干水分放碗内，加入蛋清、淀粉拌匀备用。

（2）锅放火上烧热打抹光，加入清油，烧至四成热时，下入腰丝，用筷子将腰丝划开，见腰丝断生发亮时，起锅滗油。将锅放火上，加入清油10克，下入姜米、掐菜、红绿辣椒丝煸炒一下，倒入腰丝与预备汁（由食盐、味精、料酒、鲜汤、淀粉兑成），翻拌均匀，装在盘内即成。

特点：

此菜脆嫩利口。

制作要领：

（1）除净腰臊。

（2）淘去臊味。

（3）切腰丝要均匀。

（4）旺火快炒。

24. 煎鲫鱼

鲫鱼，古称鲋，又名鲫瓜子。体侧扁，宽而高，腹部圆，头小，眼大，无触须。背部青褐色、腹部银灰色，肉质细嫩鲜美，营养极为丰富，是我国重要的经济食用淡水鱼类。分布在各江河湖泊或各式鱼塘、水库中，春、秋、冬季最肥美。

主料：活鲫鱼1000克。

配料：干淀粉50克，葱段、姜片各10克。

调料：食盐6克，味精1克，料酒10克，酱油2克，胡椒粉1克，清油100克。

制作方法：

（1）将活鲫鱼刮鳞、挖鳃、破腹、取内脏洗净。放墩子上，两面剞上花刀放盆内，加入调料、葱段、姜片拌匀，码制约10分钟拣出葱段、姜片，鲫鱼用布捵干、放在干淀粉内沾匀。

（2）将锅放火上，烧热，淋入清油放入鲫鱼煎制，下边煎黄煎熟，翻过面煎，两面煎黄，煎熟装在盘中即成。

特点：

此菜色泽浅黄，外焦里嫩。

制作要领：

鲫鱼入锅煎制时不要急于晃锅，待下面有硬壳时（皮面），再将锅不断晃动。

25．烹虾段

虾的种类很多，根据生活习性，分为海水虾和淡水虾两类，凡生活在海水中的称为海虾，生活在内陆江、河、湖泊等水中的称淡水虾。虾含较丰富的营养物质，有较高的食疗价值，食虾能提高血液中ATP的浓度，增进胸导管淋巴液的浓度。中医认为，虾具有补肾壮阳、通乳、开胃化痰的功能。

主料：大虾400克。

配料：葱丝、姜丝各5克。

调料：食盐4克，醋10克，料酒10克，白糖25克，酱油2克，鲜汤30克，清油1000克（约耗40克）。

制作方法：

（1）将大虾剪去须、脚、虾线，切成段，用料酒、食盐腌透捵干。

（2）锅放火上，添入清油，烧至六成热时，将虾段投入锅内，用勺搅动，见虾壳红亮，起锅沥油，随之将锅放火上，下入葱丝、姜丝煸炒一下，倒入虾段及调料汁（由食盐、醋、料酒、白糖、酱油、鲜汤兑成的汁），翻拌均匀，装在盘内即成。

特点：

此菜色泽红亮，口味咸鲜，微透甜酸，引人食欲。

制作要领：

（1）虾要除去须、脚、虾线。

（2）炸时掌握好成熟度。

（3）汁要收尽，达到基本无汁。

26．茄汁鱼卷

茄汁，即利用番茄酱作为调色呈味作料，配上食盐、醋、糖等调料加工成的色红亮、味酸甜，突出番茄风味的一种料汁。

鱼卷，即是将鱼片片后码味，将里边所卷馅料卷入鱼片中，生成指头粗细长短的鱼卷后，挂糊，入锅炸酥焦装盘，浇上茄汁上桌食用，故称茄汁鱼卷。

主料：鲜鱼肉400克。

配料：猪肥瘦肉50克，火腿粒50克，冬菇50克，洋葱丝50克，葱、姜、蒜各10克。

调料：番茄酱50克，食盐5克，料酒30克，胡椒粉2克，蛋清25克，干豆粉30克，白糖10克，醋5克，鲜汤50克，菜籽油500克。

制作方法：

（1）鲜鱼肉洗净，握干水分，横切成连刀片，加食盐、料酒、胡椒粉、姜、蒜腌渍码味。鲜猪肉、火腿粒、冬菇分别剁成细粒入碗，加食盐、胡椒粉、料酒、蛋清、豆粉搅匀成馅。

（2）将码好味的鱼片铺于案板上，裹上适量的馅，卷成大小一致的卷，然后抹上一层蛋清糊并一一放入干豆粉内沾满细干豆粉。

（3）炒锅置火上，下菜籽油烧热，先用温油炸至定形捞出，待油温升高，再放入鱼卷炸至金黄色捞起，沥干油，另放净菜油烧热，下番茄酱炒至油呈红色时，下葱、蒜炒出香味，加鲜汤、食盐、胡椒粉、料酒、白糖和少许醋调味，待出香味，打去料渣，用水豆粉勾成二流浓汁，下鱼卷和洋葱丝炒匀，起锅即成。

特点：

此菜色润红亮，皮酥质嫩，口感香醇，回味甜酸，冷食、热食均可。

制作要领：

（1）鱼片要片的大小厚薄一致。

（2）炸时要控制好油温，否则达不到外焦里嫩的效果。

27．绣球鸡丝

此菜由鸡丝、干贝丝、鸡糊、菜心所组成。菜心入烹摆码在盘的正中，鸡丝入烹盛在菜心上，鸡糊挤成小球状，放在干贝丝上滚均匀，上笼蒸透，摆放在菜心外围，浇上汁，即可上桌。

主料：鸡丝250克，干贝丝100克，鸡糊100克，嫩菜150克。

配料：淀粉2克，清油1000克（约耗75克）。

调料：食盐6克，味精2克，料酒10克，葱姜丝20克，鲜汤200克，清油500克（约耗50克）。

制作方法：

（1）将鸡丝放碗内加入蛋清、淀粉、食盐、味精、料酒、葱姜丝、鲜汤拌匀。

（2）鸡糊挤成小枣形的丸子放干贝丝内滚成绣球，上笼小火蒸透。

（3）嫩菜放开水内焯透拌味，根朝外排在盘中。

（4）切好的鸡丝滑油炒后盛在菜心中间，蒸好的绣球围在菜心周围，浇上汁即成。

特点：

此菜造型美观，鲜嫩爽口。

制作要领：

（1）切鸡丝时要均匀。

（2）干贝丝要揉细，鸡糊软硬适度。

28．金汤鱼片

金汤，即利用植物油、大蒜瓣、葱段、姜片、酸菜、酸萝卜、白醋、泡尖椒、南瓜汁、鲜汤等为原料，先将部分原料炒制，再加入汁料及调料进行长时间熬制后并用油丝过滤后而生成，因色泽金黄故名金汤。

鱼片使用的是黑花鱼肉，有"鱼中珍品"之称，是补心、养阴、解毒、去热、补脾利水、祛瘀生新的理想佳品。

主料：黑花鱼肉500克。

配料：红小米辣10克，香菜10克，鲜花椒10克，淀粉20克。

调料：花椒油25克，金汤500克。

制作方法：

（1）将黑花鱼肉用刀片成厚片，放凉水内除净血污捞出，控干水分，放小盆内，加入淀粉拌匀。

（2）红小米辣洗净，切成小段。

（3）香菜洗净切成寸段。

（4）锅放火上，添入清水，水沸后下入鱼片至熟捞出，用开水淋去浮沫，将鱼片放入汤盆内。

（5）锅内放金汤烧沸，倒在鱼片内，上放红小米辣段、鲜花椒，将花椒油烧热，浇在红小米辣及鲜花椒上，沿边放上香菜即成。

特点：

此菜鱼片鲜嫩，汤汁金黄，口味酸辣爽口。

制作要领：

（1）鱼片不宜过薄，过薄易碎。

（2）滑熟后鱼片要用开水去净浮沫，否则影响汤的质量。

29．清蒸头尾炒鱼丝

清蒸头尾炒鱼丝，河南名菜。此菜一鱼两种烹制方法，头尾清蒸，鱼肉切丝炒制，成熟后摆放成鱼状。功底在于切鱼丝、炒鱼丝两道工序上，切鱼丝时粗细要均匀，长短要一致。炒时滑油不仅要掌握好油温，还要掌握好火候，否则，此菜难以达到完美。

主料：青鱼1条（重1000克）。

配料：嫩青菜10~12棵，掐菜100克，青椒丝和红椒丝各15克，鸡蛋1个，淀粉15克。

调料：食盐7克，味精5克，料酒15克，鲜汤50克，清油500克（约耗50克），葱姜汁10克。

制作方法：

（1）将青鱼刮鳞、挖鳃，剖开取出内脏洗净。

（2）切去头尾，头部用刀从下颚破开，上面连住，尾部从脊骨处将两边的肉分开，骨略加整理，用食盐及料酒腌制约15分钟后，用净布揾干，放在鱼盘的两端。

（3）中段肉用刀一冲两开，去骨刺和皮，切成6厘米长的段，顺长切成火柴棒粗细的丝状，放凉水内泡一下，用净布揾干水分，放碗内，将鸡蛋的蛋清与蛋黄分离，加入蛋清、淀粉10克、食盐1克，用手抄拌均匀。

（4）将头尾上笼蒸12分钟取出，焯过水的嫩青菜放在鱼盘两边。

（5）锅放火上，烧热后下入清油，烧至三成热时，下入鱼丝用筷子划散，见鱼丝发白发亮，互不粘连时起锅沥油，锅内留少许油，重新放火上，下入掐菜、青椒丝、红椒丝，倒入预备汁与鱼丝，翻拌均匀，装在鱼盘内即成。

特点：

此菜脆嫩鲜香。

制作要领：

（1）鱼丝切得不宜过细，以火柴棒粗细为标准。

（2）上浆不宜过多。

（3）滑油时油温不宜过高。

30．八宝葫芦扣江干

江干，又称干贝，是扇贝肌肉的干制品，性温味甘，为"八珍"原料之一，富含营养，鲜味十足。古人曰"食后三日，犹觉鸡、虾乏味"可见干贝鲜味非同一般。

主料：蒸发江干300克。

配料：白萝卜雕成的葫芦300克，胡萝卜50克，菜心10克，八宝馅100克。

调料：食盐6克，味精2克，料酒15克，葱姜水15克，鲜汤100克，三味油50克。

制作方法：

（1）将蒸发江干去净腰筋，整齐地码在碗内，加入调料、鲜汤50克，上笼蒸透取出。

（2）将白萝卜雕成的葫芦内部挖空，用开水氽透控干水分，加食盐略腌一下，酿入八宝馅，上笼蒸透取出。胡萝卜煮熟用刀切成片，菜心用开水焯一下备用。

（3）将蒸发江干扣在盘中，胡萝卜片围江干摆一圈，八宝馅葫芦顺长放一圈，菜心搭在空隙上点缀。

（4）锅放火上，添入鲜汤，加入调料，勾入粉芡，淋上三味油搅匀，浇在菜肴上即成。

特点：

此菜造型美观，搭配合理。

制作要领：

（1）蒸发江干腰筋要除净。

（2）用白萝卜雕成的葫芦要小巧玲珑。

31. 酸辣凹鸡蛋

凹鸡蛋，河南传统名菜。凹是指技法，此技法是河南独有的一种烹调技法。此方法制品软嫩可口，但只适用于蛋类原料，其口味可咸鲜、可酸辣、可绿辣椒汁、可番茄汁等，以酸辣味最为常见。

主料：鲜鸡蛋6个。

配料：香菜叶5克，姜末5克。

调料：食盐8克，胡椒粉5克，醋4克，酱油5克，香油5克，凉鲜汤750克。

制作方法：

（1）鲜鸡蛋破壳放入碗内，用筷子打匀。

（2）姜末、食盐、胡椒粉、醋、酱油兑成汁倒在盛器内。

（3）锅放在火上，加入凉鲜汤，倒入蛋液，用勺子打匀，上火加热，用勺推动锅底，防止蛋液焦糊，待汤热至60℃时停止推动锅底，小火慢慢加热。汤沸，倒在盛有调料汁的器皿中。撒上香菜叶，淋入香油即成。

特点：

此菜质软嫩，味酸辣。

制作要领：

（1）鸡蛋与鲜汤接触融合时，汤宜凉不宜热。

（2）汤开后随即端锅离火，防止鸡蛋凝固质老。

32．炒芙蓉鸡片

炒芙蓉鸡片，传统历史名菜，分为市肆炒芙蓉鸡片、官府炒芙蓉鸡片、宫廷炒芙蓉鸡片，以市肆炒芙蓉鸡片最为简单，用鸡蛋清、面粉、鸡片拌匀过油和配料烹制成菜。官府先蒸芙蓉，再炒鸡片盖在芙蓉上。宫廷炒芙蓉鸡片较为复杂，先将鸡脯肉砸泥制成蓉（鸡蓉糊要达到一定的稀稠度）后，铲入油锅中制成薄片，然后烹制而成，其菜品特点软嫩鲜香。

主料：鸡脯肉200克。

配料：鸡蛋清5个，淀粉10克，青豆50克，胡萝卜花25克，姜花10克。

调料：食盐5克，味精2克，料酒10克，鸡汤100克，清油1000克（约耗75克）。

制作方法：

（1）将鸡脯肉用刀背砸成细泥放盆内，加入鸡蛋清、淀粉、食盐、鸡汤50克，用手打成流状糊。

（2）将青豆、胡萝卜片焯一下水，与姜花同放盘内。

（3）锅放火上，添入清油，烧至三成热时，用锅铲铲住糊下入锅内成片状，依次下完，待糊熟后，起锅沥油。随后将锅放火上，添入底油少许，下入姜花、青豆、胡萝卜片，兑入鲜汤及调料，倒入鸡脯肉，翻拌均匀，装在盘内即成。

特点：

此菜色泽雪白，质软嫩。

制作要领：

（1）鸡糊不宜稠，但必须有劲。

（2）油温不宜高，但保证鸡脯肉成熟。

33．秋实玉棍鱼

秋实，指秋天的果实，即利用不同的食材制成花生、南瓜、胡萝卜、葫芦等不同形态的配料作为此菜的点缀，称之为秋实。玉棍，是指将山药或冬笋之类的白色食材，切成5厘米长的条状，故称玉棍。然后将加工入味的鱼片缠在玉棍上，将主配料烹制成菜，故称秋实玉棍鱼。

主料：去皮青鱼净肉400克。

配料：山药100克，鸡蛋清1个，淀粉5克，细蒜薹200克。

调料：食盐6克，味精2克，料酒10克，鲜汤50克，清油1000克（约耗50克）。

制作方法：

（1）将鱼肉用刀片成长6厘米、宽1厘米的薄片，放入碗内，加鸡蛋清、淀粉、食盐、料酒，拌匀备用。

（2）山药去皮切成5厘米长的粗丝状，焯水后沥干水分，将鱼片卷在山药上成玉棍鱼，下入三成热的油锅中滑熟捞出。

（3）细蒜薹洗净焯水，摆放在盘中。

（4）锅放火上，添入底清油，下入鲜汤，加入调料，倒入玉棍鱼，翻拌均匀，摆在细蒜薹上，加以点缀即成。

特点：

此菜盛装典雅，脆嫩爽口。

制作要领：

（1）鱼片不宜过厚过宽。

（2）滑油的油温不宜过高。

34．烧鳝鱼段

鳝鱼，分为黄鳝和白鳝两种，烧鳝段选用黄鳝。黄鳝又叫鳝鱼、长鱼等，性温味甘，圆肥丰满，肉质鲜嫩，营养丰富，不仅味鲜质嫩，而且具有滋补作用，不仅为席上佳肴，其血、头、皮均有一定的药用价值，还具有补血、补气、消炎、消毒、除风湿等功效。

主料：宰杀过的鳝鱼500克。

配料：大蒜瓣100克，葱段、姜片、五花肉片各25克。

调料：食盐5克，味精2克，料酒15克，酱油3克，胡椒粉1克，鲜汤200克，蒜油50克，清油1000克（约耗50克）。

制作方法：

（1）宰杀过的鳝鱼从脊背横切花纹，然后切成5厘米长的段，大蒜瓣两头用刀切一下。

（2）锅放在火上，添入清水，待水烧沸后，下入鳝鱼段焯一下，捞出，控干水分。

（3）锅放在火上，添入清油，烧至六成热时，下入大蒜瓣炸成金黄色捞出，再投入鳝鱼段，待鳝鱼段花纹暴开即起锅沥油。随后将锅放火上，添入蒜油，下葱段、姜片、五花肉片煸炒，再投入鳝鱼段、大蒜瓣，加入鲜汤、调料，用小火烧制，待汁浓菜熟时，装在盘内即成。

特点：

此菜色红亮，味鲜香。

制作要领：

烧制时要用小火，调味时不要忘放胡椒粉。

35．葱椒炝鱼片

葱椒炝鱼片是河南菜的一大特色，利用葱白、姜米、泡花椒，先分别加工成碎米，然后合在一起用刀背砸成泥，又称葱椒泥，其味独特。葱椒炝以突出葱椒味为特点，将加工的鱼片采用此方法入味成熟。葱椒炝的菜肴品种也很丰富，如葱椒炝肉片、葱椒炝腰片、葱椒炝鸡丁等。

主料：鱼肉400克。

配料：鸡蛋1只，淀粉10克，葱姜丝各5克，葱椒泥3克。

调料：食盐4克，味精1克，料酒10克，白糖1克，酱油3克，鲜汤50克，香油25克，清油1000克（约耗50克）。

制作方法：

（1）将鱼肉用刀片成片，加入鸡蛋、淀粉、酱油，搅匀备用。

（2）将葱姜丝、葱椒泥放盘内备用。

（3）锅放火上，添入清油，烧至六成热时，下入鱼片，炸成柿黄色即可出锅沥油。锅内留少许底油，下入葱姜丝、葱椒泥炸出香味，兑入鲜汤和调料，投入鱼片，翻拌均匀，待锅内无汁时，淋上香油装在盘内即成。

特点：

此菜色泽柿黄，质嫩味鲜，葱椒风味。

制作要领：

片鱼片时不宜过薄或过厚。

36．牡丹凤脯

牡丹凤脯，即利用鸡脯肉制成牡丹花瓣状，再拼摆成牡丹花状的一款菜品。在餐饮行业内有鱼为龙，鸡为凤的称谓，故称凤脯。

鸡的吃法很多，举不胜举，牡丹凤脯就是一道美食，既有食用价值，又有观赏价值的菜品，它是"烹饪是技术、烹饪是艺术、烹饪是文化、烹饪是科学"具体表现的美味佳肴。

主料：鸡脯肉400克。

配料：吉士粉、小麦淀粉、面包糠粉共200克，青椒75克。

调料：食盐2克，果酱75克，植物油1500克（约耗60克）。

制作方法：

（1）将鸡脯肉用刀切成指头肚大小的丁，用配料三粉（吉士粉、小麦淀粉、面包糠粉）拌匀后逐块砸成薄片状（根据色泽需要，三粉比例可以适当调节）。

（2）锅放火上添入植物油，烧至五成热，将砸好的鸡脯肉下入油锅内炸制，边炸边顿火，见鸡脯肉炸焦后捞出控油。

（3）将炸好的鸡脯肉拼摆成牡丹花状。用青椒刻好的花叶、茎放开水内焯一下，摆放在牡丹花下端，衬托牡丹花之美。上桌时外带果酱蘸食。

特点：

此菜色泽浅红，形态逼真。

制作要领：

（1）鸡脯肉切丁时要大小略有区别（砸好片后拼摆有层次）。

（2）鸡丁在砸片时要不断地抖入三粉。

（3）炸时要注意火力，火力宜小不宜大。

（4）拼摆要富有想象力，达到以假乱真之效。

37．梅竹管廷

梅竹管廷，是由黄香管和竹荪等原料组成。黄香管，即猪的大动脉血管，色泽淡黄、质感脆糯，经过精细加工，制成蜈蚣形的形态用于此菜中。竹荪即腐烂竹子的菌体，质脆味鲜，是名贵的菌类食材。经过精细加工制成梅花枝状的食品，再与蜈蚣形的黄香管组成菜品，生成一道精美的菜肴，2002年被认定河南名菜。

主料：净黄管10根，净竹荪18个。

配料：鸡糊100克，水香菇10克，西蓝花20克，红辣椒10克，圣女果10克，淀粉3克。

调料：食盐6克，味精2克，料酒10克，姜汁10克，鲜汤200克，清油25克。

制作方法：

（1）将黄管洗净，用筷子翻过来，放汤锅内煮熟，捞出，用刀剞成蜈蚣形，再切成6厘米长的段，放入碗内，加少许鲜汤及调料上笼蒸至入味取出，扣盘中。

（2）将竹荪切成5厘米长的段，里面酿进鸡糊，顺长点缀上梅花，上笼蒸透取出，排在黄管的外围，空隙处放上西蓝花、圣女果，浇上汤汁即成。

特点：

此菜造型美观，脆嫩爽口。

制作要领：

（1）黄管去净筋膜，便于成形。

（2）竹荪内鸡糊要酿饱满。

38．烹四宝

烹四宝，长垣历史名菜。此菜以带皮猪五花肉、白条鸡、水煮面筋及去壳熟鹌鹑蛋为原料。将四种原料经过不同的初步加工，同烹于一坛中，相互借味，互补不足，成熟后其味妙极了，故名烹四宝。

主料：带皮五花肉500克，白条鸡500克，水煮熟面筋500克，去皮熟鹌鹑蛋400克。

配料：葱段、姜片各25克，干红辣椒20克，大茴香4个。

调料：食盐20克，味精5克，料酒50克，酱油50克，糖色10克，冰糖50克，鲜汤1000克，清油50克。

制作方法：

（1）将带皮五花肉皮烤煳泡软洗干净，切成1.5厘米见方的小块，白条鸡剁成小核桃块，水煮熟面筋切成红枣大小的块，去皮熟鹌鹑蛋炸成黄色备用。

（2）将带皮五花肉、剁好的白条鸡块分别煸炒断生。

（3）煸好的带皮五花肉内加入葱段、姜片、干红辣椒、大茴香及鲜汤、冰糖、酱油、糖色，用小火炖至六成熟时，下入煸好的白条鸡块，烧至八成熟时，下入水煮熟面筋及炸好的去皮熟鹌鹑蛋，加入其他调料，继续炖制，待汁浓菜烂时即可上桌食用。

特点：

此菜色泽红亮，软香可口。

制作要领：

（1）炖时要使用小火。

（2）四种主料分别下锅。

39．葫芦鱼蓉

葫芦是吉祥的象征，有着诸多神话传说。葫芦文化是中华民俗对美好生活向往的组成部分，通常人们又称宝葫芦，可以说要啥有啥，有求必应的宝物。古今厨师，在制作菜肴时，往往也取葫芦吉祥的寓意，如葫芦鸡腿、清蒸八宝葫芦鸡、香酥八宝葫芦鸭等，以表达对吉祥的向往。此菜利用鱼蓉制成葫芦状，用青椒制作葫芦藤与葫芦叶，呈现出了栩栩如生的葫芦鱼蓉，可以说达到了以假乱真的境界。它又如一幅美丽的画卷，彰显着菜品中的浓浓诗意。

主料：草鱼蓉60克，海味八宝馅20克。

配料：绿青椒25克，红椒丝1克，红樱桃20克，淀粉5克，蛋清20克。

调料：食盐1克，味精0.1克，料酒5克，葱姜汁15克，清油3克。

制作方法：

（1）将鱼蓉加蛋清、淀粉及调料搅拌上劲，放在模具内，中间酿入八宝馅抹严，上笼用小火蒸10分钟取出，放盘内。

（2）青椒刻成葫芦藤状与葫芦须状，放开水内焯一下调味，点缀在葫芦上端，红椒丝点缀在葫芦中间，红樱桃放在下端。

（3）将葫芦藤与葫芦鱼蓉用调料芡汁刷一下即成。

特点：

此菜葫芦逼真，内有八宝，鲜嫩可口。

制作要领：

（1）鱼蓉越细越好。

（2）葫芦、藤的加工要精细。

（3）蒸鱼蓉时火力要小，防止形成蜂窝。

（4）摆放位置要恰当，彰显真实感。

40、金钱牛肉

金钱牛肉，以牛里脊为主要原料，配上咸味面包、黄蛋糕、火腿蓉、菠菜泥等配料，经过精细加工，制成如古币形态的形状，再经油炸成熟后装盘，略加点缀即可上桌。

主料：牛里脊肉250克。

配料：咸面包100克，火腿蓉50克，菠菜泥50克，鸡蛋清1个，淀粉4克，黄蛋糕50克。

调料：食盐5克，味精2克，料酒10克，葱姜水10克，清油1000克。

制作方法：

（1）牛里脊肉用刀剁成泥，放入盆内加鸡蛋清、淀粉、食盐、味精、料酒、葱姜水搅拌成馅。

（2）咸面包切成直径4厘米的金钱片状，将牛肉馅酿在面包片上，抹平抹光，黄蛋糕切成丝镶在牛肉馅上，火腿蓉、菠菜泥分别酿在对称的金钱上，成金钱牛肉的生坯。

（3）锅放火上添入清油，烧至四成热时，下金钱牛肉炸制，待牛肉上面发暄，下面金黄，里边完全熟透后即捞出装盘，加以点缀即成。

特点：

此菜形似金钱，外焦里嫩，美味鲜香。

制作要领：

（1）使用无筋牛肉切碎斩蓉。

（2）炸制时油温不能过高。

第六章　河南十大名菜

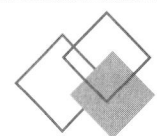

一、糖醋软熘鲤鱼焙面

糖醋软熘鲤鱼焙面又称熘鱼焙面、鲤鱼焙面，是豫菜的历史名菜。

此菜名，首先在鲤鱼。河南得黄河中下游之利，金色鲤鱼为历代珍品。"岂其食鱼、必河之鲤"，此鱼上市，宋代曾有"不惜百金持于归"之语，可见其珍贵。其二是豫菜的软熘，以活汁而闻名。所谓活汁，历来两解：一是熘鱼之汁需达到泛出泡花的程度，称作汁要烘活；二是取方言中和、活之谐音，糖、醋、油三物，甜、咸、酸三味要在高温下，在搅拌中充分融和，各物、各味俱在但均不出头，你中有我，我中有你；不见油，不见糖，不见醋；甜中透酸，酸中透咸，鱼肉肥嫩爽口而不腻。鱼肉食完而汁不尽，上火回汁，下入精细的焙面，热汁酥面，口感极妙。

二、煎扒青鱼头尾

此菜清末民初便享誉中原，素有"奇味"之称。以大青鱼为主料，取头尾巧施刀工，摆置扒盘两端，鱼肉剁块圆铺在头尾之间。下锅两面煎黄后以冬笋、香菇、葱段为配料，上锅箅高汤旺火扒制，中小火收汁。汁浓鱼透、色泽红亮。食时头酥肉嫩，香味醇厚。民国初年，康有为游学汴京，尝此菜后有"味烹侯鲭"之赞，康君知味，意犹未尽，又书扇面"海内存知己小弟康有为"赠又一村灶头黄润生，成一段文人、名厨相交之佳话。

三、炸紫酥肉

炸紫酥肉号称赛烤鸭，此菜选用猪硬五花肉，经浸煮、压平、片皮处理，用葱、姜、大茴香、紫苏叶及调料腌渍入味后蒸熟，再入油炸四五十分钟。炸时用香醋反复涂抹肉皮，直至呈金红色，皮也酥脆，切片装碟，以葱白、甜面酱、荷叶夹或薄饼佐食，酥脆香美、肥而不腻，似烤鸭而胜烤鸭。

四、大葱烧海参

葱与海参应属佳配。葱又名和事草，乃辛、温之物，海参虽珍，物性有微寒，以葱辅之、和之，则海参得以显其功。此菜看似简单，其实很见功力。海参涨发要好，达到柔软、润滑却又有韧性的程度。过之则烂，欠之则脆。再则是烧，火候要够，好汤武火，收汁至浓，海参方能入味。另外，葱要用好，必是大葱，寸段之葱白，炸黄出香，才有与海参相配之口味。

五、牡丹燕菜

牡丹燕菜，原名洛阳燕菜。洛阳之外多称素燕菜或假燕菜，也是洛阳水席之头菜。此菜制作十分精细，它以白萝卜切细丝，浸泡、控干、拌上好的绿豆粉芡上笼稍蒸后，入凉水中撕散，码上盐味。再蒸成颇似燕窝之丝。此时配以蟹柳、海参、火腿、笋丝等物再上笼蒸透，然后以清汤加食盐、味精、胡椒粉、香油浇入即成。其味醇、质爽，十分利口。1973年周恩来总理陪加拿大总理食此菜，见洛阳名厨王胡子将蒸制雕刻而成的牡丹花点缀其上，遂戏言道："洛阳牡丹甲天下，菜中生花了"，自此，易名为牡丹燕菜。

六、扒广肚

广肚唐代已成贡品，宋代渐入酒肆。千百年来均属珍品之列。此物入菜，七分在发，三分在烹制，最佳是扒。豫菜的扒，以算扒独树一帜。数百年来，"扒菜不勾芡，功到自然黏"，成为厨人与食客的共同标准与追求。扒广肚作为传统高档筵席广肚席的头菜，是这一标准和追求的体现。此菜将质地绵软白亮的广肚片片，氽杀后铺在竹扒算上，用上好的奶汤小武火扒制而成。成品柔、嫩、醇、美，汤汁白亮光润，故又名白扒广肚。

七、汴京烤鸭

汴京自古有江北水城之誉，故不乏鸭类菜肴。汴京爌鸭，宋时便是市肆名菜。爌者乃是以炉灰煨炙之法熟之，后演变为以果木明火烤炙而成，便以烤鸭取代爌鸭，为治鸭之主流之法，北宋后传入北方。汴京烤鸭风行千年而不废，皮酥肉嫩，以荷叶饼、甜面酱、菊花葱、蝴蝶萝卜佐食，以骨架汤、绿豆面条添味，当是一道大餐。

八、炸八块

响堂报菜，多出妙语。河南酒楼堂倌"一只鸡子剁八瓣，又香又嫩又好看"的唱词便是其一。这八瓣之鸡就是叫响了200余年的炸八块。此菜是用秋末之小公鸡两腿四块，鸡膀连脯四块，以料酒、食盐、酱油、姜汁腌码入味后，旺火中油入锅，顿火浆透，升温再炸，使其外脆里嫩。食时佐以椒盐或辣酱油，极其爽口。此菜是鲁迅当年爱吃的四个豫菜之一。作家姚雪垠有"我最喜欢河南的炸八块又香又嫩"的赞语。

九、葱扒羊肉

羊在历史上是贵族食品。宋代汴京72家正店均以羊肉为主要原料。羊肉性温，老少咸宜。此菜选用熟制后的肥肋条肉，切条，配炸黄的葱段、玉兰片铺至锅箅上，添高汤，下作料用中武火扒制，至汁浓后翻入盘内，锅中汤汁勾流水芡，少下花椒油起锅浇汁即成，成菜软香适口，醇厚绵长。

十、清汤鲍鱼

鲍鱼，又称鳆鱼，肉极鲜嫩，乃海中珍品。宋代酒楼就多有应市，决明兜子是为代表作。清汤鲍鱼也称清汤汆鲍鱼，是将加工后的鲍鱼片成片，青豆、火腿片为配料，放入海碗中，用兑入作料的上好清汤冲入碗内即成。此菜靠清汤汆制，汤清味醇、鲍鱼鲜嫩，是极爽口而又回味极长的佳作，颇能说明豫菜讲究制汤、用汤，淡而不薄之功力所在。

第七章 长垣名菜

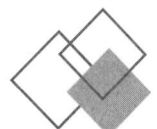

一、大葱烧海参

此菜以炸黄的大葱段与海参同烧,是传统的名菜制作方法,多为宴席头菜。

主料:水发海参500克。

配料:炸黄的大葱段100克,淀粉15克。

调料:食盐6克,味精3克,料酒15克,酱油5克,姜汁15克,鲜汤250克,葱油100克,明油5克。

制作方法:

(1)将海参顺长片成卧刀片,放开水内氽一下,再放开汤内"杀"一下捞出,控干水分。

(2)将锅放火上,添入葱油,六成热时,将海参下入锅内煸炒,添入鲜汤,投入调料,下入炸黄的葱段,小火收汁烧制,待汁浓海参入味后,勾入流水芡,加入明油,起锅盛在盘内即成。

特点:

汁柿红,海参软糯,味鲜香。

制作要领:

(1)海参涨发要恰到好处,达到柔软光滑的质感。

(2)烧制时间要长些,滋味更佳。

二、扒广肚

扒广肚,长垣厨乡传统名菜,千年以来均属珍品。

主料:水发广肚600克。

配料:嫩菜心100克,淀粉15克。

调料：三味猪油75克，食盐5克，葱姜汁20克，鲜汤300克。

制作方法：

（1）将水发广肚用坡刀片成8厘米长、4厘米宽的片状。

（2）嫩菜心洗净，用胡萝卜安上根。

（3）将锅垫放在十寸圆盘上，广肚整齐地排在锅垫上，上边用盘扣住。

（4）锅放火上，添入清水，放入锅垫及广肚，水开片刻取出锅垫与广肚，倒出锅内的汤汁。

（5）锅放火上，加入鲜汤及调料，放入锅垫广肚，汤开片刻，用漏勺托出锅垫与广肚，倒出锅内的汤。

（6）锅重新放火上，添入三味油，下入鲜汤，加入作料，放入锅垫与广肚，小火扒制，见汤汁浓白，用漏勺托住锅垫，将上面盖盘取下，扣上扒盘，合在盘中。锅内的汁放入菜心烧至断生，勾入流水芡，淋入明油，菜心裙在广肚周围，汁浇在广肚上即成。

特点：

软糯鲜香。

制作要领：

（1）油炸广肚时要炸透，并保持洁白的色泽。

（2）锅垫上排广肚时要整齐，彰显此菜之大气。

三、红烧黄河鲤鱼

红烧黄河鲤鱼，是长垣的一道河南名菜，烹饪技法以红烧为主，色红黄，味咸鲜，质软嫩，汁浓味美。

主料：黄河鲤鱼1尾（重约750克）。

配料：水木耳25克，水笋片25克，熟五花肉10克，马蹄葱、蒜片、姜丝共25克，鸡蛋半个，淀粉30克。

调料：食盐8克，酱油12克，味精3克，料酒20克，白糖少许，鲜汤500，清油1500克（约耗75克）。

制作方法：

（1）将鱼刮鳞、挖鳃、破腹、取内脏，洗干净，放墩子上用刀剞一下，两边均解成瓦垄形的花纹。

（2）木耳用手撕开，笋片切成柳叶片，五花肉切成丁，与葱姜蒜片放在一起。

（3）鸡蛋、淀粉、酱油少许搅成糊，将鱼放在糊内蘸匀，下入六成热的油锅内炸成柿黄色起锅沥油，留少许汁，锅重新放火上，下入葱姜蒜片煸炒出香味，下入其他配料及鲜汤、调料，放入鱼大火烧开，小火烧制，待汁剩四分之一且汁浓时起锅盛在盘内即成。

特点：

色泽柿黄，软嫩鲜香。

制作要领：

（1）鱼鳞要刮干净。

（2）注意不要弄破苦胆。

（3）烧时要用小火烧制。

四、炒肉丝带底

2010年6月，长垣豫膳苑酒店制作的肉丝带底，被认定为中国名菜、厨乡名菜。此菜选用长垣高村粉皮，经浸泡切丝煮软，加入食盐、醋、焖芥末糊、蒜泥、香油、芝麻酱等调料，拌匀放入海碗中与炒好的肉丝一起上桌，当着客人的面浇在粉皮上即可拌食，是一款热菜凉吃、荤素搭配的经典菜肴。

主料：猪后腿肉150克。

配料：水粉皮丝200克，嫩芹菜100克，青菜叶、水木耳少许。

调料：姜末5克，麻酱25克，酱油20克，香醋30克，芥末15克，芝麻油15克，食盐适量，清油50克。

制作方法：

（1）将肉、水木耳洗净，分别切成细丝。芹菜去老根，切成3厘米长的段，放凉水里洗净，将青菜叶焯水。

（2）锅上火加油，油热时将肉丝和芹菜同时下锅煸炒，加入姜末5克、酱油10克、食盐适量，用勺搅匀，见肉丝熟时，翻炒一下，盛在盘内。

（3）把加工好的水粉皮丝平摊在盘内，上边撒上焯好的青菜叶、水木耳丝，淋上麻酱，取酱油10克、香醋30克、芥末15克、芝麻油15克、食盐适量兑成汁，放海碗内，将粉皮丝盘在海碗上，将炒好的肉丝放上边即可。

特点：

鲜咸味美，酸辣爽口，下酒佳肴。

制作要领：

肉丝和芹菜在油热时要同时下锅煸炒。

五、炸八块

此菜为长垣厨乡历史名菜。2010年6月，西西饭店制作的炸八块被认定为中国名菜。一只鸡剁八块，经炸制后，又香又嫩又美观。闻名于世已有近200年的历史。

主料：白条仔鸡1只（重量约750克）。

配料：葱段、姜片各10克。

调料：食盐4克，味精1克，料酒10克，酱油0.5克，胡椒粉1克，花椒、大茴香各5克，花椒盐3克，清油2000克（约耗75克）。

制作方法：

（1）将初步加工好的鸡洗净，取下两只大腿，鸡胸脯用刀冲开，然后鸡胸脯剁成四块；鸡腿顺骨划开，也剁成四块。八块鸡放盆内加入葱段、姜片及调料拌匀码制，约60分钟拣出葱姜，用净布搌干。

（2）锅放火上添入清油，五成热时，将鸡块逐块下锅炸制，边炸边顿火，见鸡块浮出油面捞出，油温升到六成半热时，将八块重炸一次，至色泽红黄，外干里嫩时捞出，装在盘内，撒上花椒盐或外带花椒盐即成。

特点：

颜色红黄，干香鲜嫩。

制作要领：

（1）选择仔鸡不宜过大。

（2）加工时腿骨要砸断，肉用刀裁几下。

（3）炸时要控制好油温，保证里边嫩度恰到好处。

六、三鲜铁锅烤蛋

三鲜铁锅蛋为厨乡长垣的一道名菜，历史悠久。以鸡蛋、虾仁、鱿鱼、广肚、鲜汤为原料，利用特制铁锅烤制而成，质嫩味鲜。清朝末年，长垣厨师在北京设梁园饭庄，以此菜为招牌菜，轰动北京城。故三鲜铁锅蛋不仅河南有，北京也有。

主料：鲜鸡蛋500克。

配料：鲜虾仁50克，水广肚25克，水鱿鱼50克。

调料：食盐5克，鸡油50克，料酒10克，香醋30克，清汤300克，葱姜水50克，花生油25克。

制作方法：

（1）将水鱿鱼、鲜虾仁、水广肚用刀切成小绿豆丁。

（2）鸡蛋破壳打在小盆内，加入食盐、料酒、鸡油、葱姜水、清汤，用筷子搅打融合，然后加入配料打匀备用。

（3）将铁锅及铁锅盖放炉火上烧热，锅内下入花生油，用刷子刷一下锅的内壁，倒入搅好的蛋液，用小勺推住锅底搅炒，见蛋液成稠糊状，将烧热的铁锅盖盖在上边，上边烤，下边烧，烤至上边呈金黄即成。

特点：

色泽金黄，鲜香美味。

制作要领：

（1）蛋液与汤的量要恰当。

（2）火候掌握要得当。

七、豫膳紫酥肉

豫膳紫酥肉为长垣传统名菜，以炸的烹调方法和成菜后的色泽与质感而得名，已经有100多年的历史。此菜以猪硬五花肉为原料，经过烤、煮、蒸和反复炸制而成，具有色泽棕红，外焦里嫩，肥而不腻的特点，配上葱段、甜面酱、荷叶夹佐食其味更佳。有不是烤鸭胜似烤鸭之誉。2010年6月，中国烹饪协会授予长垣豫膳苑酒店炸紫酥肉为中国名菜。

主料：猪硬五花肉750克。

配料：菊花葱100克，白萝卜条50克，黄瓜条50克，荷叶夹10个，葱段、姜片各25克，鸡蛋清1个，淀粉5克。

调料：食盐6克，味精1克，料酒10克，甜面酱50克，酱油25克，花椒10克，清油2000克（约耗25克）。

制作方法：

（1）五花肉皮向下放火上烤煳后泡软，刮净煳皮，再放入开水煮透，捞出，放盆内，加葱、姜、花椒、食盐、味精、料酒、酱油抄拌均匀，上笼蒸60分钟取出，搌干水分。

（2）用鸡蛋清、淀粉制成糊，抹在肉的表面。

（3）将清油烧至五成热时，将肉下锅炸制，待肉发酥时，蘸醋两次激炸，待色成紫红时捞出，切成片装盘，上桌时，外带甜面酱、荷叶夹。

特点：

色呈紫红，肥而不腻。

制作要领：

（1）选用猪硬五花肉。

（2）浸炸时间宜长不宜短。

八、锅贴豆腐

锅贴豆腐是长垣厨乡的一道名菜。它由多种原料组成，是一款古老典型的荤素搭配比较合理的膳食。它不仅外焦里嫩，老少皆宜，传承至今，更重要的是它金黄的色泽、葱椒的香气使食客吃后难以忘怀。

主料：鸡里脊肉100克，嫩豆腐泥100克。

配料：鸡蛋清3个，粉芡125克，猪网油75克，青菜叶50克，葱椒泥5克。

调料：食盐4克，味精1克，料酒5克，白猪肉15克，花生油50克，椒盐1克。

制作方法：

（1）鸡里脊肉去筋砸泥，豆腐揿成泥，猪网油沾一下开水，切成长8厘米、宽6厘米的长方片，三片，备用。

（2）将鸡里脊泥制成鸡蓉糊，加入豆腐泥、蛋清1个、淀粉80克、葱椒泥、食盐、味精、料酒、猪油用手搅上劲备用。

（3）将蛋清2个、粉芡45克、食盐少许制成蛋清团粉糊备用。

（4）将猪油网放在平盘内，鸡蓉、豆腐制成的糊均匀地放在网油上摊平，上盖青菜叶。

（5）锅放火上，烧热打抹光，下入花生油，将豆腐沾匀蛋清团粉糊下锅内火煎制，上面盖上锅盖，边煎边将锅转动，约5分钟，揭去锅盖，见下面焦黄时倒在墩子上，剁成条状装盘，撒上花椒盐即成。

特点：

色泽红黄，咸鲜可口，葱椒风味。

制作要领：

（1）制鸡蓉豆腐糊要上劲。

（2）煎制火候要适当。

注：目前，此菜已改用炸的方法制作成菜。

九、全家福

全家福是厨乡长垣的一道名菜，它由多种原料组成。经过精细的配料加工和烹调得当的火候掌握，生成老少皆宜的喜爱菜肴。全家福这个菜，有三种不同规格的配料方法和烹调方法：高规格的称"佛跳墙"，依次为"全家福""烩全菜"，均受人们喜爱。

主料：红、白肉丸子各50克，香菇、金华火腿、广肚、熟发鱿鱼、酥肉、海米、豆腐各100克，白菜脑250克，带皮五花肉150克，海米25克。

配料：葱段，姜片各15克，八角2个。

调料：三味油85克，酱油5克，食盐8克，味精3克，料酒15克，鲜汤600克。

制作方法：

（1）将五花肉切成长3厘米、厚1厘米的片状，香菇改刀，金华火腿、广肚、鱿鱼均切片成片状，豆腐切成小块状，白菜脑切成块状。

（2）将锅放火上，添入三味油，下入葱段、姜片、八角炒香，加入五花肉片，用酱油煸炒，待肉片上色，加入鲜汤烧至汤沸，依次加入香菇、火腿、广肚、酥肉、海米、红白丸子、白菜脑、鱿鱼、豆腐、食盐、味精、料酒，菜入味，汁浓时，起锅盛在汤盆内即成。

特点：

汤鲜质软，老少适口。

制作要领：

注意原料的投放顺序与火候。

十、霜打馍

霜打馍是长垣厨乡名菜，中国名菜。霜打馍，馍经去皮、切条、泡软、入油锅炸制后，采用传统的挂霜技法制作成菜。做好此菜的关键在于熬糖，糖汁要熬得恰到好处，否则轻了不落霜，重了不粘馍。成菜外酥里软，风味别致，雅俗共赏。

主料：馒头2个。

调料：白糖150克，清水少许，花生油1000克（约耗50克）。

制作方法：

（1）揭掉馒头皮，切成4厘米长、1厘米宽的条，放凉水内泡透，然后一条一条拖出，平放盘内，沥净水分。

（2）炒锅置中火上，添花生油，烧至四成热时将馒头逐条下锅炸制，至色微黄外皮发硬时，捞出沥油。

（3）炒锅刷净，添少许清水，下入白糖，在小火上熬汁化糖，用锅铲炒拌，待糖化成浓汁发白时，将炸好的馒头下入，用铲轻轻翻动，糖汁裹到馒头上凝固成霜后，紧铲几下出锅，盛入盘中。

特点：

洁白如雪，香甜可口。

制作要领：

（1）需注意先将馒头放凉水中泡透。

（2）炸时油温不宜过高。

第八章 长垣名小吃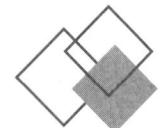

一、鸡汁豆腐脑

长垣烹饪,历史悠久,孕育了许许多多的名菜、名汤、名点、名小吃,鸡汁豆腐脑就是名小吃中的一种,以质感光润细嫩、口味鲜香而闻名。

原料:黄豆1000克,水14~15千克,白条老母鸡1500克,老母鸡汤2000克,绿豆粉皮500克,熟石膏粉40克,杀沫油50克,小米面1000克。

作料:面酱350克,(两次用)猪油,鸡油,花生油共1500克,大料包250克(布包),大葱500克,姜片250克,大蒜250克,花椒50克,小茴香50克,食盐适量。

制作方法:

(1)将黄豆泡过后放在石磨或粉碎机内打成稠浆,加入杀沫油去沫,用细罗过滤,制成细浆。

(2)将豆浆汁倒入锅内,先用旺火后用小火熬制,锅内浆汁上面开始凝固皱皮时即可停火。

(3)石膏粉兑入适量的清水搅拌溶解后,倒入点豆腐脑的缸里,将豆浆汁顺着缸边缓缓倒入缸里,上边加盖密封,不能漏气,15~20分钟即成豆腐脑。

(4)锅内添水14~15千克,投入大料包、食盐、面酱烧开,滚几滚,捞出料包,勾入小米面,烧沸起锅备用。

(5)锅放火上,添入猪油、花生油、鸡油烧热,下入葱、姜、花椒、大蒜炸黄捞出,沥油备用。

(6)粉皮在火上烤至起泡,掰成小片备用。

(7)母鸡洗净剔骨,切成黄豆大小的丁状,用猪油煸至断生,加入面酱、老母鸡汤、大料包、食盐、在小火上燶至鸡肉酥烂时捞出料包,倒在盆内备用。

（8）取碗一个，用片勺盛入豆腐脑3~4片，再盛入鸡汤和鸡丁，上撒烤制的粉皮3~4片，淋上三合油，外带高桩馍食用最佳。

特点：

光润细嫩，口味鲜香。

制作要领：

（1）豆汁过滤要细。

（2）点豆腐脑时一次性倒入，中间不能间断。

（3）盛豆腐脑时要用片勺，否则易出水，影响质量。

二、油馔

油馔是长垣名小吃中的一种，以外酥焦、内软嫩而闻名。杜记油馔已有数百年的历史，已被新乡市文化局列为非物质文化遗产传承食品。

原料：面粉500克，葱花500克，猪五花肉馅600克，鲜鸡蛋6个。

作料：食盐18克，花生油50克，30℃温水300克。

制作方法：

（1）将面粉放盆内，加入温水和成软面块，分6份醒30分钟。

（2）将两个平底锅分别放在两个火源上，有沿的平底锅内放上碎瓦片摊均匀。

（3）取一份面团，双手制成长片状，撒上3克食盐、83克葱花、100克肉馅，用竹板交叉拌匀，然后从前端向怀里卷成卷，两端将面捏严，不要漏馅，双手将包好的生坯按成圆饼，放在无沿的平底锅上，依此方法做完，下面烙黄，翻过面烙，两面均呈黄色时，放在有沿的平底锅内的瓦片上烤制，边烤边刷油边翻转，烤至七成熟时，将油馔从一端开个口，倒入已搅好的鸡蛋液，捏住口上下翻转几下，使蛋液在油馔内走匀，放在瓦片上继续烤制，并不断地刷油翻转，待色呈红黄、油馔胀起后出锅即成。

特点：

外酥焦，内软嫩，葱香浓郁，肉香扑鼻。

制作要领：

（1）和面掌握好水和面的比例，不宜过硬。

（2）包时不要漏馅。

（3）烤时火力要均匀。

三、白胡辣汤

白胡辣汤是长垣名小吃中的一种，以口味酸辣、回味无穷、色白而闻名。

原料：面粉500克，红薯粉条100克，海带丝100克，油炸豆腐干丝100克。

作料：食盐40克，香油20克，食用谷醋60克，白胡椒粉20克，姜末20克。

制作方法：

（1）将面粉放盆内，加入凉水360克，用手和成软面块，醒20分钟后再和3分钟，反复3次，用凉水洗出面筋，面汁水留着备用。

（2）锅放火上，添入6000克水，下入配料、作料（食醋、香油除外）烧沸，将面筋拉成薄片，在水中涮成细丝条状，将面汁水勾入沸汤中，小火烧沸锅中的汤汁即可。食用时在碗内淋入香油食醋。

特点：

酸辣适口。

制作要领：

（1）洗面筋时不要将面筋洗跑。

（2）洗好的面筋要放在温暖处醒散劲。

（3）熬制时掌握好胡辣汤的浓度及火力的控制。

四、肉盒

肉盒是长垣名小吃中的一种，以色泽金黄，外酥里嫩而闻名，数百年来经久不衰。

原料：高筋面粉200克，五花肉馅200克，煮软剁碎的粉条200克，葱花20克，姜米10克。

作料：食盐10克，鸡粉5克，五香粉5克，葱油5克，开水60克，凉水40克，花生油20克，植物油500克（约耗60克）。

制作方法：

（1）将面粉加入开水搅拌均匀，加水凉水、花生油和成油酥面团，醒20分钟，均匀地下6个剂。

（2）五花肉馅加入葱、姜、食盐、味精、鸡粉、五香粉、葱油调拌均匀后下入粉条拌匀，分别包入6个面剂中并按成扁饼状。

（3）平底铁锅内下入油，烧至180℃热时，将包好的肉盒放入锅内煎制，边煎边用锅铲将肉盒转动，下边煎成金黄色发酥时，用铲子翻过面再煎，两面均煎成金黄色并酥时，用铲子铲出放盘内即可食用。

特点：

色泽金黄，外酥里嫩。

制作要领：

（1）和油酥面时面块不宜过硬。

（2）包制时肉馅一定包严，不能漏馅。

（3）煎时火力要小、要均匀。

五、焦酥麻花

焦酥麻花是长垣名小吃中的一种，以色泽红黄，焦酥可口受到人们的喜爱。

原料：上等高筋面粉500克，发面头（发面角、老面头）50克。

作料：食盐12克，碱面10克，水175克，食用油3000克（约耗150克）。

制作方法：

（1）面粉放盆内，加入食盐、碱、发面头及水，用手和成面块（做到手光、面光、盆光），醒20分钟。

（2）将面块放案板上搓成长条，下80个剂，每个剂用手略搓一下，醒20分钟，然后逐条搓成70厘米长的细条，用手捏住中间，比齐，再放案板上，依此搓完，用油布盖住再醒10分钟，用圆面轴卷上搓好的细条4根（上轴头，面要捏扁上牢固，卷至最后也要捏扁上牢固）。

（3）将卷好成形的麻花生坯放在五成热的油锅内，一头用筷子捺住，一头用筷子松劲，麻花长度松至30厘米长时，再用筷子拉一下，使其长度达到40厘米长时定形炸制，边炸边用筷子翻动，直至炸成色红黄，焦酥时捞出控油（一般每锅炸6根麻花为宜）。

特点：

色泽红黄，焦酥可口。

制作要领：

（1）和面时要掌握好四季水温（25~35℃），发面头用水澥开。

（2）下剂时要大小一致。

（3）搓条时长短粗细相等。

（4）成形上轴时，轴上要抹油，防止粘连并条。

六、脂油火烧

脂油火烧是长垣名小吃中的一种,以色泽金黄、外皮酥焦、里软香流油、葱香扑鼻深受食客赞美。

原料:面粉500克,猪二膘油(生)250克,葱花300克。

作料:花生油30克,花椒盐10克,水300克。

制作方法:

(1)猪二膘油切成黄豆丁与葱花、花椒盐拌成肉馅。

(2)面粉用水和成软面块,下6个剂。

(3)案板上抹上花生油,取一份面剂按扁,压成长片状,取肉馅六分之一,放在面皮上,从外端向怀里卷,两头将馅包严,再按成圆饼状,放在已烧热的专用火烧炉上,下边发硬时翻过面再焙,两面均发硬时放入炉内烤制,边烤边将炉内的火烧转动,使其受热均匀,直至烤制发黄且脂油火烧胀起时,即可出炉食用。

特点:

色泽金黄,外皮酥焦,葱香扑鼻。

制作要领:

(1)面块不宜过硬。

(2)肉馅调味要均匀适口

(3)包制时将馅包严。

(4)上炉焙制时火力要均匀。

(5)下炉烤制时火力要小,要均匀,并不停地将火烧转动。

七、鸡蛋灌饼

鸡蛋灌饼是长垣名小吃中的一种,以外酥焦、里软香深受食客的欢迎。

原料:面粉500克,鸡蛋6个,葱花300克,猪油50克,热水300克(70~80℃)。

作料:食盐12克,花生油500克(约耗120克)。

制作方法:

(1)将面放盆内,加入热水和成面块,排光揉匀,下12个面剂待用。

(2)取面剂1个,用擀面杖擀成长方形的片状,上撒一点食盐面走匀,再刷上一点油,然后卷成卷,两端向中间叠,成3折,按成圆片,擀成薄圆皮,依次擀完。

（3）取鸡蛋1个破壳放碗内，加入食盐、葱花50克、猪油8克，用筷子搅拌均匀。

（4）取九寸圆盘1个，放上1片面皮，倒入拌好的鸡蛋液，上面盖上1个圆皮，从边沿捏实灌饼边，用刀刮去毛边，放入预热至200℃的电饼铛中煎炸至两面金黄并发暄发酥出锅。

（5）将鸡蛋灌饼用刀切开，上桌食用。

特点：

外酥脆，内清香。

制作要领：

（1）和面排光揉匀、下剂均匀。

（2）制作时毛边要除去，增加美观。

（3）电饼铛要提前预热。

（4）煎炸时将灌饼反复翻面，防止颜色不匀。

八、厨乡手工饸饹面

厨乡手工饸饹面是长垣名小吃中的一种，以饸饹筋道、汤汁酸辣、消暑降温深受人们的喜爱。

原料：精粉1000克，焯水绿豆芽100克，黄瓜丝100克，荆芥叶100克。

作料：食盐30克，芝麻酱50克，香醋80克，蒜泥80克，香油30克，凉开水1000克。

制作方法：

（1）面粉放盆内，加入水和成软面块，双手沾水和几遍，使面块柔软光滑发筋。

（2）开水锅上火，饸饹床架在锅上，锅内的水沸腾，在饸饹床槽内填入100克面块，轧饸饹到开水锅里，滚两滚捞在凉水盆内淘凉。

（3）取碗一个，将淘凉的饸饹面捞在碗内，上放黄瓜丝、绿豆芽、荆芥叶，浇上用食盐、香醋、蒜泥、凉开水兑成的汁，再淋上芝麻酱、香油即可食用。

（4）依上法做完饸饹面。

特点：

饸饹面筋道光滑，汤汁酸辣爽口。

制作要领：

（1）面块和到柔软光滑发筋。

（2）轧面时用力要均匀。

（3）凉饸饹食用后最好再喝一碗热面汤，感觉更舒服。

九、黍面枣糕

黍面枣糕是长垣名小吃中的一种，以色泽金黄、外焦里嫩、香甜可口而闻名。

原料：黍米（又称黄米）500克，大枣泥300克。

作料：植物油2500克（约耗100克）。

制作方法：

（1）将黍米根据四季气温浸泡1~12小时不等，用水磨或机器磨成粉浆。

（2）用布袋吊将打好的粉浆吊干，分10个团。

（3）枣泥分10个团。

（4）取湿布一块放案板上，取面团一份按扁放入一份枣泥稍按一下，将面团片包严枣泥，左边边沿高一点，成耳朵状，将布掀起取出生坯，下入四成热的油锅中炸制，直至色泽金黄、酥焦时捞出，上桌食用。

特点：

色泽金黄，外焦里嫩，香甜可口。

制作要领：

（1）黍米要泡透。

（2）粉浆吊干水分。

（3）包时包成耳朵状。

（4）炸时要用小火。

十、软面糊油条

长垣烹饪，历史悠久，孕育了许许多多的名菜、名汤、名点、名小吃，软面糊油条就是名小吃中的一种，以色泽柿红、焦香适口而闻名。

原料：面粉1000克，水900克（冬天温水，夏天凉水）。

作料：食盐20克，碱10克，白矾10克，植物油1500克（约耗50克）。

制作方法：

（1）将食盐、碱、白矾用水澥开，倒在盆内加入水，放入面粉抄拌均匀，用手打上劲，至表面光滑，醒20分钟。

（2）平底厚锅放火上，添入油，烧至六成热，将用两根短铁筷子挑起约95克的软面糊，拉成约40厘米长的条放入油锅内（油的深度不能淹没油条），用加长竹筷子翻油条，待下边炸黄，将油条翻过面再炸，两面均炸成柿红色并发焦时用筷子捞出控油，上桌食用。

特点：

色泽柿红，焦香适口。

制作要领：

（1）掌握好一年四季水温。

（2）使用作料的比例要恰当。

（3）面打好后要醒一醒，便于拉长面糊。

（4）炸制时火力要均匀。

（5）油条翻面炸时上边不要有生面糊，否则影响口感。

附录一　豫菜基本规范

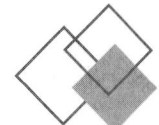

豫菜在历史上是中国烹饪的主体,发祥于夏代;商、周两代形成制度;经汉、唐的发展于北宋时期渐趋完备;其体例随着朝代的更迭、政治中心的迁徙而传播南北;元代以后在和外来文化的交流中调整变化;清代中后期形成固定风格。中华人民共和国建立后,豫菜在新的社会经济、政治、文化环境中发展、演变,消化并吸收新的物质、文化内容,最终成为带有中国烹饪基本特点以地域冠名的一个体系。

在豫菜发展、传播、交流的历史过程中,中国厨师之乡长垣县的众多厨师发挥了积极作用。

为了推动豫菜的发展,规范豫菜制作过程,保证豫菜的制作质量,特制订本标准。

本标准由河南省餐饮与饭店行业协会提出并起草。

本标准起草人:张海林、邢瑞杰、周遂。

本标准于2007年11月15日首次发布。

豫菜基本规范

1. 本规范规定了豫菜的术语和定义、构成、特征、制作、主要操作规程、质量评定等。本规定适用于豫菜的制作。

2. 下列术语和定义适用于本标准

2.1　豫菜

豫菜也称河南菜,是对在带有中原传统文化内涵的烹饪理论认知指导下,运用具备河南地域特点的技术制作的菜肴、面点、筵席的总称。

2.2　红案

红案是对菜肴制作工序和技术人员的总称,包括灶前操作称为灶上和案前操作称为案上两个部分。

2.3　白案

白案又称面案,是对面食、面点制作工序和技术人员的统称。

3. 构成

豫菜是由以开封为代表的传统豫菜体系逐步演变为以省会郑州为中心的新豫菜体系的。

豫菜以郑州为中心，由四个不同的口味区构成。豫东口味居中，恪守传统、扒制类菜肴是为典型，以开封为代表。豫西以洛阳为代表，水席为典型风味，口味稍偏酸。豫南以信阳为代表，炖菜类较为典型，口味稍偏辣。豫北以新乡、安阳为代表，善用土特地产，口味偏重。各个口味区之间在主要制作技术和理论认知方面是基本相同的，各区之间的相邻部分有着较为明显的相互渗透的共存现象。

4. 特性

豫菜坚持着由历史和地理、物候条件形成的中国烹饪选料严谨、讲究制汤、五味调和、质味适中的基本传统。更突出和谐、适中，平和适口不刺激是其显著特点。

豫菜以咸鲜为基本味型，有甘、酸、苦、辛、咸五种本味和用五种本味搭配、结合的多种复合味型。豫菜的各种味型以相融、相和为度，绝不偏颇是基本原则。为适应顾客的特殊口味需要，豫菜的一些菜品随菜另带调料，由顾客自行选用。

5. 原材料

豫菜选用所有可食的动物性、植物性、矿物性的干、鲜原料，以不同的主料、配料、调料组合成物性中和的菜点。豫菜在原料的初加工中极重南北干货的发制，有独特的涨发之功。

豫菜也重鲜活，极善烹制鲤鱼、青虾、甲鱼、鳝鱼等河湖之鲜。在配料（又称配头）的使用中按时令、物产分为四季配头、常年配头；按配头的段、块、片、条、棒、丝、丁、粒、蓉的不同形状，分为大配头、小配头；按烹调要求和食用需要分为内配头、外配头、外带配头。在调料的使用中重视自制，如葱椒、糖色；强调地方风味特产，如小磨香油、西瓜豆瓣酱、传统大豆发酵酱油。在烹制过程中用以肉、骨、菇不同原料熬制的头汤、奶汤、清汤、素汤调味、和味、提鲜、增鲜。

6. 制作

6.1 豫菜制作的常用技法为：烤、熏、烙、烘、焗、炙、煮、烧、煨、炖、熬、烩、焖、卤、汆、浸、涮、扒、炸、煎、贴、塌、淋、炒、爆、煸、凹、熘、烹、炝、糟、醉、渍、拔丝、琉璃、挂霜、琥珀等，上述单项技法项下还有以不同的原料处理方法、不同的手法处理的小项，如炸项之下的清炸、软炸、干炸、焦炸、纸包炸。两种以上的单项技法配合使用称为复合技法，如煎焖、蒸扒、炸熘。

6.2 豫菜最具特点的技法是：箅扒、软熘、烧烤、葱椒炝。

箅扒的工艺特点是将原料铺在竹锅箅上下锅扒制。软熘是以生料下锅顿火浆熟后再行熘制。豫菜的烧烤是焖炉烤制。葱椒炝是在炝制过程中加入特制的葱椒而形成的独特风味。

6.3 豫菜传统菜点的名品为：汴京烤鸭、烤方肋、清汤鲍鱼、冰糖燕菜、白扒广肚、奶汤炖广肚、葱烧海参、油燜大虾、紫炸酥肉、酸辣乌鱼蛋汤、清汤东坡肉、牡丹燕菜、锅贴豆腐、铁锅烤蛋、琥珀冬瓜、桂花皮丝、煎藕饼、炸八块、爆双脆、炸核桃腰、炸瓦块鱼、套四宝、陈煮鱼、京东菜扒羊肉、烩三袋、生氽丸子、炖斩肉、煎扒青鱼头尾、葱椒炝鱼片、糖醋软熘黄河鲤鱼焙面、清蒸头尾炒鱼丝、卤煮黄香管、果汁龙鳞虾、兰花竹荪、芙蓉海参、清汤荷花莲蓬鸡、决明兜子、扒山珍、绣球干贝、乌龙蟠珠、桶子鸡、灌汤包子、吊卤细面、切馅烧卖、高炉烧饼、双麻火烧、开封拉面、韭头菜盒、鸡蛋灌饼、羊肉烩馍、杠油馍、水煎包、水花糖糕、羊肉装馍、开花馍、蒸饺、刀切龙须面。

6.4 豫菜的筵席程式原则：筵席是菜点按不同的就餐需要而进行的不同数量的有机组合。传统的程式为：干鲜果品——进门小食（点心）——冷菜——头菜（头汤）——酒菜——饭菜——面饭，整个筵席过程中有视顾客的需要而进行的口味调整和席间点心的穿插使用。筵席组合的原则是：应事而设，数量适当，搭配合理，口味多变，工艺丰富，风格统一。

6.5 豫菜的传统炊具：铸铁锅：壁、底较厚，不燎边、利爆炒，按烹炒、烧烩、制汤的不同需要使用一尺四到一尺六的口径。宽背刀：背略宽，刀刃呈弧形，前切、后剁、中间片、背砸泥、把捣蒜，一刀多用。椭圆勺：有炒勺、汤勺、漏勺之分，豫菜的炒勺出菜盛装，方便成形。

7. 工种和操作程序

7.1 豫菜以红白两案统称技术人员。制作菜肴为红案，分为灶上、案上，灶上烹制菜肴，又分头灶（灶头）、二灶、三灶、四灶、拉汤，分别制作头菜、爆炒菜、烧烩菜、炸制菜、制汤等。在菜肴盛装后，负责菜品整理、装饰的称为流水案或供下作。案上切配原料、确定品种，是菜肴烹制的前提和关键，有头案（案子头）、二案、三案、四案的分别，分别切配头菜、酒菜、饭菜等。白案又称面案，是制作面食、面点的人员，主持者也称为案头。分工较细的大型豫菜馆还有从属于案、灶的专门制作冷菜的拼盘，和专门负责蒸笼的大锅。协调案灶出品，保证质量的技术管理人员称作执事。

7.2 豫菜将操作程序称为八作：工前准备为拱作；干货涨发为发作；原材料处理为淘作、投作；原材料初加工为氽作；原材料补充为补作；原材料晾晒为晾作；工后清理为收作；带料外工为落作。

8. 质量评定

8.1 豫菜菜点质量评定的基本原理是：以"味"为中心，将"色、香、味、形、器"作为一个整体进行综合考量。在对具体菜点品种评审时采用色、香、味、形、器、质、养分项评定的方法。

8.1.1 色

要求突出原料的本色，把握住工艺色，使用天然色素，杜绝人工合成色素的使用。

8.1.2 香

以彰显原料的自然香气为主，人工的调和香气为改善某些原料的不良气味服务，不过分使用。

8.1.3 味

突出本味，无味之物才赋予调和之味，要求是醇厚肥美但不杠不腻；清淡爽脆而不寡不生；味和性平。

8.1.4 形

以有利成熟，方便食用为前提而追求美观，不片面求形美而伤质味，各类刀口要厚薄均匀、整齐划一。

8.1.5 器

器皿的形与色同菜点的形与色要吻合协调；器皿之材质要与菜品的档次配合；忌贵器贱食。

8.1.6 质

质是味的载体，质感是原料或加工后的主料、配料所应该具有的脆、嫩、软、筋、柔、烂、焦、酥的口感。要求突出原质、体现工艺、恰到好处，不过不欠。如脆而不生、筋柔不韧。

8.1.7 养

养是要求经过烹调加工后的菜点能最大限度地保持原料原有的营养成分，祛除有害成分。并经合理搭配使菜品物性中和，不偏热、偏寒。

8.2 定量

单个菜品的定量是以一定的毛利率所产生的售价及盘径来确定。筵席的品种数量根据价格标准和就餐人数确定。菜肴盛装于盛器后不欠不溢，筵席品种数量以保证需要为前提。

附录二 传统豫菜馆的岗位设置及规范操作

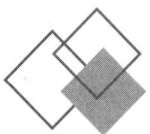

豫菜馆的岗位设置过去称为七硬角（脚），即一堂、二柜、三灶上、菜案、面案、大锅上（即蒸笼），再加熏、卤、酱、腊、凉菜房。要想做好豫菜，突出豫菜的应有厨艺，这七个方面都要过硬，才能赢得食客的口碑。岗位顺序如下。

一堂，即现在前厅服务人员的工作岗位。其岗位尤为重要，对饭店生意兴隆与否，起着重要作用，对服务人员（堂倌）及场地有较高的要求。第一，服务素质：包括服务技能、技巧、言谈话语等。第二，就餐环境：包括店容店貌、设施条件、职业着装等。第三，室内卫生：包括桌、椅、餐具、地面、墙壁、设施配备与摆放等，上述要求是开好饭店的首要。

二柜，即现在前厅收银台，收银台这个地方也是一个重要关口，热情服务，笑脸迎客是关键。说出的话温心，叫客人的钱付得开心，对饭店有满意的认知，这是下次再光临的一个重要因素。

三是灶上，指炒菜厨师的厨艺，各种菜品要达到上乘，有比较稳定的菜品质量，突出菜肴的本味、质感、特色等。

四是菜案，对菜案要求是加工过程中各种刀口的规格，要符合每种形态应有的大小、薄厚、长短，并整齐划一。同时，还肩负着主辅料搭配及每份菜品量的多少，在正常经营中位置十分显著。

五是面案，面案也称白案，是饭店中不可缺少的一个方面，所有制品我们通常称主食，花色多样，品种丰富，并有咸甜之分，干稀之分。有很多饭店利用一道主食发展壮大传承，如开封邢记锅贴、郑州肖记烩面、郑州合记蒸饺、长垣满天星粥屋、长垣常记饸饹等。这些店不单单卖主食，还有很多丰富的菜品，以面食带动整个店的发展。

六是大锅上，大锅上指的是蒸笼（蒸锅），不要小看蒸锅，各种需蒸菜品都有它的蒸制时间与蒸汽大小的要求。所蒸菜品都要做到成熟度恰到好处，才能保证菜品的软、嫩、熟、烂。该软的要软，该嫩的要嫩，该熟的要透，该烂的要酥。蒸锅厨师要了解菜品的质感要求，才能做到蒸的菜品恰到好处。

七是熏、卤、酱、腊、凉菜房，凉菜是每个店上桌的脸面菜，制作要求是色泽悦目，口味多样，形态有别，装盘美观，引人食欲。

上述七个方面奠定了豫菜馆开店的基本要求，也是正常经营所需要的条件，否则，很难成为百年老店。

一、豫菜馆规范操作要求

豫菜馆规范操作要求有两个方面：一是菜案规范操作要求，二是灶上规范操作要求。

（一）菜案规范操作要求

菜案规范操作要求也分两个方面：一是八大作，二是八小作。八大作是豫菜馆对当天经营品种做好所有前期准备工作和经营过程中一个完整的操作程序。对每天顺利进行经营起着重要的指导作用，可使厨房有条不紊地进行经营。

1. 豫菜八大作

（1）捞作　是指一个工作小组对当天所经营的品种，一步步做好前期准备的过程。如菜案人员在案子头的带领下，清理卫生和领完原料后，一要对原料进行初步加工，再进行分档取料；二要准备进行各种配料的切配；三要进行主料的刀工处理，对动、植物原料进行细加工，分成片、丝、丁、条、块、段、米、粒、蓉、末等形状；四要对汆、烧、炸、扒、酿、蒸、扣等烹调方法的菜品捞作后再输送到其他班组。灶上的厨师进行初步熟处理及熬制各类鲜汤，凉菜组进行的各种腌制品、卤制品、凉拌制品的加工均属捞作的范畴。

（2）淘作　是将择净的蔬菜和冷水发过的干货原料进行淘洗的过程。其任务一是淘洗每天供应的各种蔬菜；二是植物性干货原料泡发后进行淘洗，如木耳、银耳、黄花菜、羊肚菌、竹荪菌、薹干菜、石花菜等的清洗；三是动物性原料初步加工后的淘洗，如带鱼、虾仁、鲜贝、鲜冻鱿鱼及宰杀煺毛后各种禽类的洗涤也属淘作范围。

（3）接补作　又称续作，即在每天供应时间的范围内，所供食材即将脱销或已经脱销时，抓紧补上。接补作对满足食客菜品需求，能起到很大的后续作用。

（4）投作　将发制后的原料根据软硬程度进行挑拣的方法称为投作。由于所发原料的质地、大小、老嫩不一，生长的时间、产地有差异，还有质量好坏相掺造成涨发质量不同，故采用投作的程序，先把好的投出来，没发透的继续涨发，总体要求是所发原料要达到最佳入烹质感。

（5）晾作　涵盖范围较广，总体分为三个方面的晾作程序。第一，以前没有冰箱等现代保鲜设备，豫菜厨师采用了晾作的方法来延长原料的使用时间，如把拆骨肉晾开、把拉过油的肉丝、肉片、鸡丁晾开，使其原料中的温度散发，能起到延长食用时间的效果。第二，晾作还指为原料进一步加工成形而采用的一项措施，如大葱扒羊肉、宝塔肉等菜肴，热切成形不美，刀工出来不精，一般晾凉后再作刀工处理。第三，麻腐之类菜肴的麻腐，凉菜中各类冻肴的冻及素火腿、卷尖、紫菜卷、鸡蓉卷等各种花色蒸卷均需晾作压实这个过程方能达到制品效果。

（6）发作　是指对干货食材进行发制，目的是使干货食材重新吸收水分，最大限度地恢复原料原有的鲜嫩质感，除去腥臊气味和杂质，以便于切配、烹调，符合食用要求。发作是豫菜的强项之一，可分为水发（冷水发、温火发、热水发、开水发、焖发、蒸发），油发（油发、油水混合发），碱发（生发、熟发），火发等。在实际发作过程中有些原料需要几种涨发方法混合运用，才能达到最终食用目的。

（7）氽作　是指原料在存放出售期间，为了便于存放，延长使用时间，适时把原料进行加热的一种措施，多在下班前进行，如玉兰片、海参、鲍鱼等水作均需用开水氽养。在这些原料中有的已经进入冰箱冷藏，但在前期处理上仍需氽作这个过程，特别是夏季更需要对原料进行保养，每天上班后、下班前均要进行氽作，这是豫菜厨师在长期实践中总结出来的宝贵经验。

（8）收作　是指下班前将剩余原料妥善保管存放的一项措施，各种食材如何进行存放才能保证第二天的正常食用，也是厨师在正常工作时间内的职责范围。收作对厨师来说是工作中的一件大事，如何将剩余原料恰当存放，是一项技巧，也是责任，同时也是对厨师敬业心的最好鉴定。

2. 豫菜八小作

八小作指豫菜馆使用不同形态的料头，也称呈味配料。分别是：葱段、姜片、葱丝、姜丝、蒜片、蒜末、姜米、马牙葱。其使用原则为：葱段、姜片用于烧、扒、炖等方法，如大葱烧海参、大葱扒羊肉、奶汤炖猴头等；葱丝、姜丝用于炒、爆、煎、烩等，如芹菜炒肉丝、掐菜爆鱼丝、煎鸡饼、酸辣烩肚丝等；蒜片用于烧、炒等技法，如红烧茄子、炒肉片、炒辣子鸡等；蒜末用于炒、糖醋熘、蒜香炸等技法，如软炒鳝糊、糖醋熘肉片、蒜香排骨等菜肴；姜米用于炝、拌及外带调料等，如姜米炝莲菜、姜米拌荷兰豆、及清蒸鱼、海米黄菜、铁锅烤蛋等菜品的外带调料，外带调料主要用于去腥、提鲜、解腻、平衡性味等；马牙葱用于炒、烧、爆等技法，如大葱炒肉片、葱爆羊肉、软烧面筋泡等；另外还有两种常备料头，干辣椒段和跟头蒜苗。干辣椒段多用于醋熘菜肴、陈皮菜肴和干煸菜肴，如醋熘白菜、陈皮兔肉、干煸豆角等；跟头蒜苗多用于炒回锅肉、炒凉粉、炒肉片等菜肴。这两种料头在豫菜馆中偶尔使用，故不在"八小作"之内。

（二）灶上规范操作要求

灶上规范操作要求是指炒菜师傅应具备的厨艺，也称应有的基本功或必须具备的基本功。

1. 站姿

灶上厨师在炒菜过程中要有一个正确的站姿。炒菜时应该如何站立，要有利于减轻疲劳，当然就要两腿自然分开，面视锅中原料成熟过程中的变化；要有利于炒菜过程中的操作动作，使其操作姿态优美，给人一种大咖感（过去讲只要一伸手，便知有没有）。

2. 端锅动作

端锅动作包括旋锅、小翻锅、大翻锅等，准确判断菜品成熟时机、动作自如、翻锅娴熟，哪些菜适应旋锅动作，哪些菜适应小翻锅，哪些菜适应大翻锅，做到心中有数，所有端锅动作做到不失时机、恰到好处。

3. 鉴别火力

炒菜师傅在炒菜过程中主要靠火来工作。鉴别火力、运用火力、掌握火力极为重要。各种菜品使用的火力是不相同的，哪种菜品运用哪种火力，哪种方法运用哪种火力，各种不同性质、不同结构、不同口味的原料适应哪种火力，首先炒菜师傅会鉴别火力，才能正确使用火力，运用火力。

4. 水锅

水锅多指食物烹调前的初步熟处理。水锅分为冷水锅、热水锅、沸水锅。每种水锅的温度不同，所以初步熟处理的原料也不相同，哪种原料适应哪种水锅进行初步熟处理十分重要，否则，菜品就会出现质感、色泽、味道达不到应有的特色。一般大块原料冷水锅，如肘子、腿骨、冬片、莲藕（整）等；热水下锅多为脆嫩食材，如石花菜、鲜鱿鱼卷等。沸水锅多为各种蔬菜所运用，如菠菜、芹菜、芦笋等的焯水。水锅的掌握与否是成品菜质量好坏的基础。

5. 油锅

油锅多指烹调过程中利用油的温度进行成熟的一种称谓。由于原料的形状不同，烹调过程中的色泽不同，菜品成熟后的质感要求不同，故又分拉油（又称滑油）、焐油、走油。拉油指低油温，多用于肉丝、肉片、虾仁、鸡丁等原料的断生；焐油指中油温，多用于苹果去皮、花生米炸制部分菜品的运用；走油指高油温，多用于焦炸、锅烧、油走红等。正确判断油温，正确使用油温对菜品的质感、特色而言极为重要。

6. 调味

秉承五味调和、质味适中的原则，用酸、辣、苦、甜、咸五味，调出丰富多彩的美味。

7. 制汤和用汤

豫菜馆中的汤非常讲究，有毛汤、头汤、清汤、奶汤之分。并有"厨师闯天下，全凭一勺汤"的佳话。可见汤在豫菜中的重要性。

8. 出锅装盘要求

盛菜出锅应动作迅速，锅勺配合娴熟，菜品轮廓饱满，突出主料，彰显盛装技巧、烹调技艺。

二、九糊六芡的种类及适应菜品

豫菜十分重视菜品所运用糊、浆的薄厚与芡汁的浓度，掌握九糊六芡的运用，是突出菜肴特色的重要环节。

（一）九糊

1. 酥糊

酥糊由鸡蛋、面粉、淀粉、皮油、食盐调制而成，多用于焦炸之类的菜品，如焦炸虾、焦炸莲丝、焦炸鱼块等。

2. 酥起糊

酥起糊由热水、鸡蛋、面粉、淀粉、食盐、皮油调制而成。如酥炸虾仁、酥炸吊子、酥炸紫盖等。

3. 皮糊

皮糊由鸡蛋、淀粉调制而成，如炸小酥肉、千刀酥肉、炸黄焖鱼块等。

4. 拍粉糊

拍粉糊由淀粉、金狮粉或面包糠调制而成，一般用于菊花类、珊瑚类、松鼠类等荤、素菜品。

5. 高丽糊

高丽糊又称蛋泡糊,由蛋清打泡后加淀粉、食盐调制而成,多用于炸高丽肉、炸龙凤腿、炸葡萄虾及雪里藏珠、鱿鱼卧雪山等菜品。

6. 抓糊

抓糊由蛋清、淀粉、食盐调制而成(蛋清调制过程中不要将蛋清抓澥),一般用于炸鸡塔、炸腰肝、炸锅贴豆腐等。

7. 芝麻糊

芝麻糊表示在原料表面极少的意思,由鸡蛋、淀粉调制而成。用于红烧茄子、烧豆腐皮、炸菱角藕的挂糊等。

8. 水粉糊

水粉糊多用淀粉、冷水调制,用于炸脆皮茄子、脆皮莲条、脆皮鱼等。

9. 拍粉拖蛋糊

拍粉拖蛋糊又称拍粉拖蛋滚面包糠糊。此糊先将食材拍粉(一般多用淀粉),然后拖上蛋液,再粘上面包糠(或松仁、芝麻仁等),用刀平拍一下,使其面包糠粘牢固,然后再炸(或煎)。适用于各种排类,如鱼排、鸡排、虾排、茄排等。

(二)六芡

1. 肘头芡

成熟后的汤汁较稠。浮面撒上葱花浇上热油而不下沉,故称肘头芡。多用于各种炸酱面的卤汁。

2. 琉璃芡

琉璃芡又称跑马芡,浓度略稀于肘头芡,汁的浓度明亮,有流体感。多用于糖醋熘菜品。如糖醋熘茄夹、糖醋软熘鱼、糖醋熘肉片等。

3. 大流水芡

芡汁具有粘黏度,又有大流体状,此芡用于各种扒类菜肴制作,如海米扒白菜、鸡米扒猴头、菜心扒肘子等。

4. 小流水芡

芡汁浓度稀于大流水芡,多用于炒各种素菜的芡汁,如炒黄花菜、炒上海青、清炒芦笋等。

5. 米汤芡

米汤芡的浓度像米汤一样,故称米汤芡。多用于汤菜的勾芡,如酸辣肚丝汤、鸡蛋汤、文思豆腐汤等。

6. 兑汁芡

兑汁芡又称预备汁。此芡汁多用于旺火快炒菜肴,如炒腰花、爆双脆、油爆肚头等。

附录三　河南省烹饪大师、名师等级认定标准（草案）

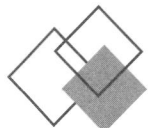

为了规范河南烹饪专业技术人员的技术等级，提高广大餐饮行业技术人员学习技术、钻研技术、发展技术的积极性，河南省餐饮与饭店行业协会按照国家对烹饪专业技术等级规定，结合河南省烹饪大师、烹饪名师认定基本条件及豫菜基本规范内容，制定河南烹饪大师、烹饪名师等级认定标准，为满足不同年龄，不同技术等级烹饪专业技术人员晋级要求，特细化河南烹饪大师（特一级、特二级、特三级），烹饪名师（一级、二级、三级）申报认定资质等级标准。

一、河南烹饪大师（特一级）

1. 河南烹饪大师是河南省烹饪界最具权威性、代表性、德艺双馨的高级技术人员。年满45周岁，烹饪专业技术工龄25年以上，获得国家级职业技能高级技师资格，并在省及全国烹饪大赛中获得金奖（包括徒弟），或担任国家级、省级烹饪大赛评委三次以上，正式徒弟8人以上。

2. 精通河南地方菜系（或某一个菜系）的全部制作技术，造诣较深。对中国烹饪技术的发展有所创造，有所贡献，并在面点制作技术上有较高的技艺，在河南省内（含全国范围内）享有较高的声誉。

3. 精通构成豫菜调味的特性，善于运用五味调和的变化，准确掌握豫菜味型的基本核心。

4. 具有管理大型餐饮业厨房工作的能力，能熟练地组织、设计高级筵席宴会10种以上的能力，能制作代表自己技艺水平的豫菜、面点30种以上，如烤鸭（叉烤）、糖醋软熘鱼焙面、开花馍等。

5. 懂得与烹饪技术有关的知识，如烹饪营养学，动、植物学，生物化学，烹饪美学，膳食结构搭配等多学科知识，有理论专著或培训教育成果，能胜任大专院校烹饪专业的教学研究工作。

二、河南烹饪大师（特二级）

1. 在河南烹饪界享有较高的声誉，年满40周岁，烹饪专业技术工龄20年以上，获得国家职业技能高级技师职业资格，并在省级及国家级烹饪技能大赛上获得金奖或银奖，担任省级及国家级技能大赛评委两次以上，正式徒弟7人以上。

2. 精通河南地方菜系（或某一个菜系）全部制作技术，并有所发展提高，通晓面点制作的成熟方法，了解河南十大面点的特点及部分品种的制作方法。旁通其他地方菜系的制作方法和特点，能制作代表自己技艺水平的豫菜及面点25种以上，如煎扒青鱼头尾、炸紫酥肉、萝卜丝饼等。

3. 精通豫菜构成区域及区域构成的特性。能制作高级筵席，编制设计高级筵席宴会菜单8种以上的能力，精确计算用料和成本，正确组织厨房工作。如厨房各个岗位人员、设置的合理安排、炊具和餐具的准备及使用、炉灶设置及相关配套设备的运用与管理等。

4. 通晓山珍海味的品种，特别是河南各种食材的性能、用途、生产季节、营养成分、保管方法和发制方法，并能熟练地掌握其合理的烹调方法，能根据原料的形态、品质、老嫩等状况，达到物尽其用。

5. 具有丰富的实践经验和系统的烹饪理论知识，能编写或口述烹饪教材，胜任教学研究工作。

三、河南烹饪大师（特三级）

1. 在河南烹饪界享有较高的声誉。年满38周岁，烹饪专业技术工龄18年以上，获得国家职业技能高级技师资格，并在省级及国家级烹饪技能大赛中荣获金奖或银奖两枚以上，担任过省级及国家的大赛评委，正式徒弟6人以上。

2. 精通河南地方菜系（或某一个菜系）的全部制作技术，刀工娴熟、火候恰当、调味准确、制作的菜品特色鲜明，并对面点制作技术有一定的造诣，能制作代表自己技术水平的菜点20种以上，如大葱烧海参、扒广肚、河南蒸饺等。

3. 具有丰富的实践经验，了解河南菜配头的种类及每种配头形态及运用，懂得本专业的相关知识，具有较系统的烹饪理论知识和培养厨师的能力，胜任中等烹饪专业学校授课。

4. 能制作高级筵席、编制具有风味特色的筵席、宴会菜单5种以上，通晓传统宴会的上菜程序、筵席组合的原则，准确计算用料。

5. 了解豫菜选择原料的方法，熟悉山珍海味等原料的保管、发制和烹调方法，在刀工或火工某一项技能上有较为突出的技艺，在消费者中享有声誉。

四、河南烹饪名师（一级）

1. 河南烹饪名师是指在其所从事的专业领域内具有一定的权威性、代表性的高级技术人员，具有良好的职业道德，在河南烹饪界享有较高的威望。年满35周岁，烹饪专业技术工龄16年以上，获得国家职业技能技师资格证书，并在全国或全省烹饪技能大赛中荣获金奖或银奖，担任过省级以上专业大赛评委，正式收徒5人以上。

2. 通晓河南地方菜系（或某一个地方菜系）的切配、烹调的全面操作技术，并在这两个工序中的某一方面有较高的水平和丰富的专业知识，有理论著作或省级以上刊物发表的论文两篇以上，有突出的培训教育成果，了解河南十大名菜、名点的品种及特点。

3. 了解"豫菜基本规范"对豫菜的基本含义的表述，能制作较高级的宴席，合理编制菜单，正确计算用料，并能协助餐厅管理人员正确计算菜品的成本和售价，熟练掌握算扒工艺的程序及特点。

4. 熟悉各种原料的性能、质量和主要产地，懂得保管、使用、活养和发制方法，对制作过程中达不到要求的半成品能及时补救。

5. 熟悉豫菜在调料使用中的自制调料的品种，有组织厨房各个岗位生产和培养厨师的能力。

五、河南烹饪名师（二级）

1. 河南烹饪名师在其行业中有一定的威望和声誉，具有良好的职业道德，获得国家职业技能技师资格证书，在全省烹饪技能大赛中获得两枚金奖以上。年满33周岁，烹饪专业技术工龄14年以上。

2. 掌握河南地方菜系（或某一个菜系）各种菜品的刀工处理和规格、质量要求，熟悉畜类、禽类、水产品等原料各个部位的性能、用途，分档取料，合理使用。

3. 熟悉豫菜制作过程中使用制汤的原料，能熟练地掌握吊汤（上汤）技术，色泽正、味道适口。

4. 熟悉豫菜传统制作使用的炊具及其优点，能独立制作一般酒席，合理安排品种，懂得上菜程序，正确计算成本。

5. 熟悉豫菜红、白两案技术工种的划分所包括主要职责，有辅导初级厨师的能力。

六、河南烹饪名师（三级）

1. 河南烹饪名师在其本地区有一定的技术声誉，具有良好的职业道德，获得国家职业技能技师资格证书，在省级烹饪技能大赛中获得金奖或银奖，年满30周岁，烹饪专业技术工龄10年以上。

2. 全面掌握各种烹调方法，了解豫菜最具有特点的技法，能制作一定数量质量较好的风味菜、特色菜，如葱扒羊肉、炸八块、肚丝汤等。

3. 熟练地掌握各种原料的加工、泡发和切配技术，速度快、质量好、分量准，熟悉豫菜操作过程中"八大作"的相互关系。

4. 了解河南各地所产烹饪原料的生长季节、上市季节、质量要求、特点，能因料施烹，安排菜肴品种。

5. 熟悉豫菜在调味上的显著特点，了解豫菜一刀多用的功能，有培养厨工全面操作的能力。

附录四 河南省烹饪大师、名师等级认定考核细则（草案）

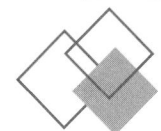

为了规范河南省烹饪专业技术人员等级认定，提高广大餐饮行业人员学习技术、钻研技术、发展技术的积极性，河南省餐饮与饭店行业协会按照国家对烹饪专业技术等级规定之要求，结合河南省烹饪大师、烹饪名师认定基本条件及豫菜基本规范内容，特制定河南烹饪大师（特一级、特二级、特三级），河南烹饪名师（一级、二级、三级）考核细化认定细则。

一、河南烹饪大师（特一级）

（一）填写信息

1. 出示身份证件，认真填写个人基本信息。

2. 出示获奖证件及复印件，核实获奖的真实性。

3. 出示评委聘书的原件。

4. 填写徒弟的各种信息。

（二）应知应会

1. 豫菜常用的烹调方法多达三十多项，详述炸、熘、爆、炒、扒五项技法中每项又细分为多少小项。

2. 作为烹饪大师，不仅烹调技艺精湛，面点制作技术上也应有较高的技艺，详述中式面团的种类。

3. 豫菜调味用料非常多，口味十分丰富，形成了豫菜风味的独有特性，详述豫菜调味的特性。

（三）技艺展示

1. 以筵席菜单的形式编写两套成本分别为1600元、2600元的筵席菜单。

2. 以菜点制作菜谱的形式写出烤鸭（叉烤）、糖醋软熘鱼焙面、开花馍三种菜点的主料、配料、作料、操作程序、菜点特点、制作要领等完整制作步骤。

3. 吃出营养、吃出健康、吃出长寿是人类延续生命的希望，懂得四季五补十分重要，简述五补内容。

4. 中国膳食历来讲究酸碱平衡，了解食材的特性十分必要，详述燕窝（官燕）、辽参、羊素肚三种原料的性味、归经、功效、作用。

二、河南烹饪大师（特二级）

（一）填写信息

1. 出示身份证件，认真填写个人基本信息。

2. 出示获奖证件及复印件，核实获奖的真实性。

3. 出示评委聘书的原件。

4. 填写徒弟的各种信息。

（二）应知应会

1. 豫菜常用的烹调方法之多，详述烧、炝、炖、烤、熏五项技法中每项又细分为多少小项。

2. 河南烹饪大师有肉、面两开之称，既有精湛的烹调技艺，又有较高的面点制作工艺，详述面点制作工艺中的成熟方法。

3. 详述河南蒸饺、萝卜丝饼的制作方法及特点。

4. 写出25种以上代表自己水平的菜点品种及菜点图片。

5. 简述豫菜的特点。

（三）技艺展示

1. 详述豫菜基本规范中豫菜构成的区域及每个区域的特点。

2. 以筵席菜单的形式编写两套成本分别为1000元、1600元的筵席菜单，按照45%的毛利计算，求出售价，列出计算方式。

3. 详述宽背鲫鱼、鹿茸、拳菜的产地、上市季节。

4. 简述物尽其用的方法。

5. 简述煎烧与煎扒的不同，用菜品的名称讲述不同之处。

6. "五谷为养，五果为助，五畜为益，五菜为充，气味合而服之，以补精益气"是谁提出来的养生理论？出自哪本书？

三、河南烹饪大师（特三级）

（一）填写信息

1. 出示身份证件，认真填写个人基本信息。

2. 出示获奖证件及复印件，核实获奖的真实性。

3. 出示评委证书的原件。

4. 填写徒弟的各种信息。

（二）应知应会

1. 详述豫菜煎、贴、煽三种熟制方法的制作方法及三者的共同之处与不同之处。

2. 详述刀工娴熟可以体现在豫菜哪些菜品之中。

3. 写出鸡蛋灌饼、烫面角的制作方法和特点。

4. 详述辽参、广肚的发制方法和发制过程。

（三）技艺展示

1. 河南厨师有看配头炒菜的美誉，简述河南配头的种类。

2. 详述河南大配头的规格要求及其适应的烹调方法。

3. 详述葱椒泥的制作过程及所用原料比例。

4. 以筵席菜单的形式，编写两套具有当地特色风味菜单，并详述其中一套菜单中头菜所用主料、配料、作料的制作过程及菜品特点。

5. 简答豫菜的上菜程序。

6. 简述豫菜广泛使用哪些土特产原料用于菜点之中。

7. 简述猴头菇保管方法和发制方法。

8. 简述个人制作的哪些菜点在消费者中享有声誉。

四、河南烹饪名师（一级）

（一）填写信息

1. 出示身份证件，认真填写个人基本信息。

2. 出示获奖证件及复印件，核实获奖的真实性。

3. 出示评委聘书的原件。

4. 填写徒弟的各种信息。

（二）应知应会

1. 河南烹调方法众多，写出"豫菜基本规范"中所表述的全部烹调方法。

2. 写出河南十大名菜、十大名点的品种及每个品种的特点。

（三）技艺展示

1. 详述"豫菜基本规范"中关于豫菜的表述。

2. 编写一套适合8人量的"海参席"菜单，按照55%的毛利率计算，写出头菜"大葱烧海参"单菜的售价，并列出计算方式。

3. 简述算扒的制作工艺及特点。

4. 就产地而言，简答哪个地方产的猴头菇质量最好。

5. 简述鳝鱼的活养方法。

6. 详述鹿茸菌的发制方法。

7. 豫菜善于自制作料，罗列出在正常经营过程中，最常见的自制作料品种。

8. 详述厨房各个生产岗位的人员安排（以容纳250个餐位为例）。

五、河南烹饪名师（二级）

（一）填写信息

1. 出示身份证件，认真填写个人基本信息。

2. 出示获奖证件及复印件，核实获奖的真实性。

3. 出示国家职业资格技师证书。

4. 填写徒弟信息。

（二）应知应会

1. 豫菜历来重视刀工、讲究刀工，简述蜈蚣花刀的加工方法及适应原料。

2. 简述"炸紫酥肉"选用猪身哪个部位的原料，为什么要取料于这个部位。

3. 简述"鱼"的定义。

（三）技艺展示

1. 豫菜历来讲究制汤，简述在正常经营过程中，豫菜用汤分为几种。

2. 简述"奶白汤"的制汤原料。

3. 简述高级清汤吊汤的过程及其使用的原料。

4. 传统豫菜制作使用的炊具有哪些？传统豫菜使用炒锅炒勺的优点是什么？

5. 编写一套8人量肉菜席菜单，并按传统的上菜程序上菜。

6. 按照45%的毛利计算，算出"煎扒狮子头"的售价（注：五花肉价格每500克18元，其他辅料总计为10元），列出求售价的公式及售价。

7. 豫菜以红白两案统称技术工种。

（1）制作菜肴称为红案，详述红案分工细项及其职责加工范围。

（2）面点制作称为白案，简述主持者的称谓。

六、河南烹饪名师（三级）

（一）填写信息

1. 出示身份证件，认真填写个人信息。

2. 出示获奖证件，核实获奖的真实性。

3. 出示国家职业技能资格技师证书。

（二）应知应会

1. 豫菜使用的烹调方法十分丰富，详述炖、熬、炝三种的定义。

2. 叙述"炸八块""肚丝汤"的制作程序，包括使用主料、配料、作料的重量（以克为计算单位）及菜品的特点。

（三）技艺展示

1. 干料涨发是豫菜绝活之一。

（1）特级干木耳50克，经涨发后水木耳的重量是多少？

（2）猴头菇为河南特产之一，每500克干猴头菇经涨发加工后的使用重量是多少？

（3）干贝使用哪种涨发方法最科学？

（4）豫菜操作过程中讲究"八大作""八小作"，叙述"八大作"的相互顺序及其相互关系。

2. 河南区域大，特产多。

（1）铁棍山药世界闻名，简述主要产地，为什么又称怀山药？

（2）羊肚菌又称羊素肚，河南的主要产地是哪些地方？

（3）简述宽背鲫鱼的主要产地。

3. 豫菜调味与刀具特点。

（1）简述豫菜在调味上的显著特点。

（2）豫菜厨师使用的菜刀和其他地方菜系厨师使用的菜刀有所不同，它有一刀多用的功能，简述刀形及其功能。

参考文献

[1] 徐书振.烹调工艺实训：基础篇［M］.北京：中国轻工业出版社，2015.

[2] 徐书振.烹调工艺实训：提高篇［M］.北京：中国轻工业出版社，2015.

[3] 徐书振.烹调工艺实训：长垣美食篇［M］.北京：中国轻工业出版社，2017.